有强大的气场，何时都是『女神』。

什么都能舍弃，但请留下梦想。

……to endure any hardship

你

不必等别人来成全

自己。

30+, to endure any hardship

每一次受伤，
都是一种成长。
30+，to endure any hardship

见过风雨，便无
30+，to endure any hardship
·波澜

家，

30+' to endure any hardship

永远是女人幸福的

「港湾」。

记得给你的他 撒 个 娇 。

30+，to endure any hardship

谢谢你，

不再来的三十几岁。

30+ to endure any hardship

30几岁，女人一生最重要的坎

30+, to endure any hardship

南小乐 著

天津出版传媒集团

天津人民出版社

图书在版编目（CIP）数据

30几岁，女人一生最重要的坎 / 南小乐著.--天津：
天津人民出版社, 2016.7
ISBN 978-7-201-10583-3

Ⅰ.①3… Ⅱ.①南… Ⅲ.①女性—成功心理—通俗读物
Ⅳ.①B848.4-49

中国版本图书馆CIP数据核字（2016）第150728号

30几岁，女人一生最重要的坎
SANSHI JISUI NüREN YISHENG ZUI ZHONGYAO DE KAN

出　　版	天津人民出版社
出 版 人	黄　沛
地　　址	天津市和平区西康路35号康岳大厦
邮政编码	300051
邮购电话	（022）23332469
网　　址	http://www.tjrmcbs.com
电子信箱	tjrmcbs@126.com
责任编辑	王昊静
选题策划	李世正　王玉红
内文设计	邱兴赛
封面设计	仙　境
制版印刷	北京华创印务有限公司
经　　销	新华书店
开　　本	880×1230毫米　1/32
印　　张	8
插　　页	8插页
字　　数	120千字
版次印次	2016年7月第1版　2018年8月第2次印刷
定　　价	35.00元

　　一天，我对邻居家 12 岁的小姑娘说："真羡慕你，你现在是最幸福的时候。"小姑娘抬起头，一脸委屈地说："我还羡慕你呢阿姨，我整天上学写作业，好累哦，什么时候才可以长大啊！"

　　看，我在羡慕着小姑娘的幸福，小姑娘在羡慕着我的成熟。或许每个女人都会如此，羡慕那单纯美好的岁月，怀念不再来的无忧无虑的时光。可是，青春年少终究已经过去，谁也逃不过三十几岁的岁月。

　　青春不再，未来何在？迷茫与失落都在三十几岁出现，角色的转变也一时袭来：从女孩到女人，从为人女到为人妻，从为人妻到为人母，每一个角色都承担了无限的悲欢与责任。与二十几岁相比，很多东西，二十几岁时可以不在乎，但到了三十几岁就不能不引起重视；很多东西，二十几岁时可以经得起，但到了三十几岁就可能无法承受。一切只因三十多岁，女人便没有太多的资本或机会去折腾，去任意而为。

三十几岁的女人，无论身份、地位、贫富、美丑，有些坎终究是逃不过的——年龄的坎，爱情的坎，婚姻的坎，家庭的坎，人情的坎，心态的坎，自我的坎，梦想的坎……

跨过这些坎，人生从此顺风顺水；迈不过这些坎，生活可能会磨难重重。但是，无论如何，对于女人来说，该如何度过这个阶段是一个需要好好思考的问题，将日子过成一首诗，还是仅有柴米油盐，其实都由你自己说了算。

三十几岁，是一个不讨女人欢心的年龄段，是女人承受空前压力的时期，但是，三十几岁也是命运可以重新洗牌的时机，更是女人最成熟、最美好的黄金时期，所以好好把握这个阶段，或许你会获得人生的绝佳转机。

三十几岁的女人很累，很无助，很彷徨。愿本书能引导你学会勇敢面对当下，突破年龄局限，顺利跨越一道道坎，把日子过成自己想要的样子，独立而优雅地绽放生命的精彩，精致到老。

Chapter 1　送走青春不彷徨

Chapter 2　不那么容易，也不那么难

Chapter 3　一笑而过，也是一种优雅

Chapter 4　给自己的生活化个淡妆

Chapter 5　受伤了，也别哭泣

Chapter 6　不必刻意讨好，也不必虚情假意

Chapter 7　你的世界，需要自己关照

Chapter 8　最美妙的人生

送走青春 不彷徨

你没老，只是早早怕了

没小姑娘娇嫩，但更有女人味

不畏将来，不念过去

得到的同时也在失去

告别一段情，没什么大不了

女人，你最美的就是此刻

有强大的气场，何时都是『女神』

你没老，只是早早怕了

对于女人，"30岁"，绝对不是一个讨人喜欢的词汇。没有一个女人心甘情愿在29岁生日的时候期盼30岁快快来临，在点燃生日蜡烛的那一刻，有多少女人许下一个相同的愿望：让我永远活在25岁吧！

只是，年轮依旧无情地转着，苍老一点点爬上身体的每个角落，没人可以阻止岁月如梭的变迁，只能在下一个生日来临时无奈地恐慌着未知的岁月。

生了小孩后，芊芊带着刚满月的小不点在外面晒太阳。有个70岁的老太太跟她有一搭没一搭地聊起来，在说到产后女人的身体情况时，芊芊非常担忧自己的脚后跟疼会不会留下后遗症，这时老太太伸出一双苍老的手说："闺女，你看我的手就是生了孩子后着凉留下的后遗症。"她的双手是半伸半张的，似一张枯树皮，满是皱纹向人倾诉着岁月的无情。

老太太接着说："我这双手年轻时又白又嫩的，后来，坐月子时没人照顾，第三天就下地做饭、洗衣，还是用井里的凉水，着了凉，成了关节炎，天天疼，手也伸不直，家务也干不成！"老太太说话时很平静，但芊芊的心好像被什么揪了一下，顿时生出无法言说的悲哀。

回到家，那双手一直在她眼前摇晃，还有那苍老的面容和弯曲的身体，这些都让芊芊感到人真是经不起岁月的磨砺！她马上观察起自己的手来，发现它们早已有了岁月的痕迹，记得自己 20 多岁时光滑如脂，温润如玉，而今粗糙僵硬，黯然失色。芊芊害怕极了，赶紧慌乱地翻出许久不用的护手霜抹了又抹，想要极力挽回时间带给它们的伤害。

可是，过了几天，在忙碌的生活节奏中，芊芊又逐渐忘记了手的问题，护手霜也搁置一旁，虽然偶尔想起还是会有些担心，但也慢慢理所当然地接受。因为她渐渐明白，谁也抵不过时间的侵袭。回头看大街上那些 20 多岁的小姑娘时，她不忍直视，只能在心里轻轻地喟叹：大姐也曾年轻如花过。至此，她终于不再被一些小姑娘、小伙子称呼为"阿姨"而惊奇了！

为什么芊芊才 35 岁就觉得老了？为什么她会害怕老去？有人说，怕老的心理原因是怕失去——失去年轻的容颜、健壮的身体、敏锐的头脑，甚至是鲜活的生命，更重要的是怕失去男人的宠爱和独立生活的能力。但是，没有不老的人，即使是王后，还有太后，都要慢慢老去。

　　20 多岁的美娟在一个城中村居住，房东大姐 30 出头，整天抹着厚厚的粉底霜，好像一碰就要掉落一地；脸蛋没有一丝血色，白得像刚刷过的墙；画了黑黑的眼线，越看越像熊猫眼。这个大姐跟她说话时，那双熊猫眼一直盯着她未施粉黛白里透红的脸，羡慕嫉妒几乎要溢出眼眶，笑的时候赶紧用手捂住眼角。美娟觉得她已经很美了，也不老，怎么会羡慕嫉妒自己呢？而当美娟到了 30 岁的时候，她终于明白了那是怎样的一种心情——那是害怕老去的无奈。

　　其实，你没老，30 岁刚刚送走酸葡萄一样的青春，即将享受红苹果一样香甜的岁月，怎么能说老呢？是怕老吧？早早地担心自己老去，或许是每一个女人的本能，但是，三十几岁的女人真的不算老，如果说 30 多岁的年纪就让人恐慌，那么 50 岁、60 岁岂不是要吓得晕过去？

　　青春如落花流水一般飘然而去，在和时间的较量中，谁都是输家，尤其是三十几岁的女人。但是，你有没有想过：今天是你往后的日子里最年轻的一天，我们不能期待老天让我们返老还童，但至少我们还有无数年轻的"今天"。

别怕，只要心中有梦，只要你依然热爱生活，有一颗积极向上的心，你就永远是年轻的。在岁月的雕琢下，当心灵蕴含的光彩彻底怒放，你会发现，自己可以比 18 岁时更年轻，更有魅力。

只要敢于正视年龄，不再害怕，哪怕你的脸蛋和身材已经不占优势，你依然可以通过装扮让自己更显年轻。贝嫂有句名言："我今年 39 岁，别把我打扮得像 25 岁，看起来很蠢。我的年龄没有给我造成困扰。"学学这位时尚达人的心态吧，看她整天青春飞扬，哪里像一个三十几岁的女人呢！更确切地说，她简直比年轻人还年轻——心不老，不怕老，或许才是年轻的真正秘诀。

没小姑娘娇嫩，但更有女人味

　　三十几岁的女人不再有小姑娘那样娇嫩的皮肤、稚嫩的脸庞、纤细的身材，但她有小姑娘所没有的女人味。

　　什么是女人味？女人味，通常指的是人格、品位、文化修养、美好情趣的外在表现，当然更是一种内在的品质，如性格、品行和气质的综合：纯真善良、风情万种、温柔贤淑、温和开朗、善解人意。女人味是一种无形的气场，也是一种强大的力量，不时地传达出女人的气息。它所代表的不仅仅是成熟、温柔、善良、爱心、美丽、智慧，还有娇媚、性感、优雅、干练等等。简而言之，女人的味道就是女人的神韵和风采。只有有女人味的女人才能让男人回味悠长，一生守候。

　　现实中，三十几岁的女人经过岁月的沉淀之后，有的会越来越有女人味，有的却早已荡然无存。这跟一个人内在的气质、心境有关，也跟一个人所处的环境有关。但无论如何，有女人味的女人不一定长得漂亮，也不一定身处幽兰空谷，只要她的内心深处有女人的特质，她就有女人味。反之，没有女人味的女人即使有着漂亮的脸蛋、傲人的身材，但只要一开口、一举手、一投足便足以暴露出她贫瘠的内心和空荡荡的精神。因此说，漂亮并不代表女人味。漂亮只是外在，女人味才是美丽的根源。

在美女如云的娱乐圈中，若论女人味，一定非赵雅芝莫属。她演的电视剧《上海滩》《戏说乾隆》《新白娘子传奇》等，都有她气质如兰、温文尔雅的倩影。她无疑是美丽的、端庄的、温柔的、典雅的，如东方维纳斯一样集中了东方美女的所有优点，使得她成为几代人心中不朽的女神。

经过岁月的洗礼，今天的她依然风采依旧、风姿绰约，无论出席什么场合，她都保持着淡雅的微笑、高贵的气质、优雅的举止。她穿着得体的服装，动静皆宜，婉约自然，待人接物亲切大方，仿佛天使走进人间。

所以金庸说："赵雅芝代表东方的美，是最美的。"朱时茂也说："她是东方之美的化身，是安静娴雅的代言。她事业常青，给几代人留下过荧屏经典，却又能顶住名利，在事业正旺时退避三舍，做一个成功的贤妻良母。在她身上，结合了热情和安静，她的经历，告诉我们什么是贤淑和从容。赵雅芝生长于中国香港，是地地道道的香港人，她就像香港区花紫荆花一样，鲜艳长久，永远开放。"

如今的她已不再年轻，可为什么依然有那么多人喜爱她，把她奉为"女神"？我想大家都是被赵雅芝身上的女人味所迷醉。或许容颜会老去，但女人味反而会随着年龄的增加而经久不衰，在这个世界上，没有哪个女人天生就貌美如花，即便上天赐予她最尊贵的娇容，一流的身段，但这一切都会随着时间而渐渐逝去。女人们几乎都在用毕生的精力来留住短暂的美丽，但谁也无法阻挡自己慢慢变老的现实。唯独女人味能够让女人美丽永恒。

女人味也许就是文人墨客在吟诗作画中所表述的"静若清池，动如涟漪"。最有代表性的是朱自清先生对女人的一段描述："女人有她温柔的空气，如听箫声，如嗅玫瑰，如水似蜜，如烟似雾，笼罩着我们。她的一举步，一伸腰，一掠发，一转眼，都如蜜在流，水在荡……女人的微笑是半开的花朵，里面流溢着诗与画，还有无声的音乐。"

女人味也许只是一言一行：一句淡淡的问候、一个温柔的眼神；女人味也许只是一举一动：一次善良的帮扶、一次优雅的转身；女人味也许只是一表一情：一个浅浅的微笑、一次欲说还休的脸红……

一个女人到了三十几岁的年龄，就如化茧成蝶一样，褪去了稚嫩的青春外衣，幻化出五彩斑斓的光彩，散发着迷人的女人味。这女人味是经历世事之后历练出来的成熟的味道：温柔、大度、宁静、淡泊、洒脱、自然、随心、从容……

这女人味是女人的一件永不过时的衣服，穿上它，姿色平平的女人也会马上散发出迷人的味道，并且不管岁月如何变迁，女人味会永远伴随女人左右，并不会随着时间的流逝而衰减。所以，修炼女人味是女人一生要做的功课，学会了这门功课，女人们便有了让男人痴迷、让众人喜爱的资本。

女人味并非天生得来的，它需要后天的修炼才能拥有。那么，如何修炼女人味呢？女人味更多的是内心的一种气质、涵养和心态的表露。化一个淡妆，哼一曲小调，跳一支曼舞，练一手好字，诵一首好诗，赏一幅美画……有女人味的女人是一首诗，一幅画，诗中有画，画中有诗。不沉鱼落雁、闭月羞花，但也秀丽端庄、气质如兰。

不畏将来，不念过去

有一次，一个同学从外地来见我，见了面，免不了提起求学时期的种种过往，比如学习，比如爱情。同学 K 那时爱过一个人，但是，如同太多轰轰烈烈的爱情桥段一样，虽然爱得全心全意、刻骨铭心，但最后还是无疾而终了。

怀念，肯定是难免的，放不下也是必然的。是的，那个蠢蠢欲动的年纪，那场不掺一点儿杂质至纯至美的爱情，还有那不谙世事傻里傻气地爱一个人的情怀，哪个人不怀念呢？

我们聊了许久，最后难免唏嘘喟叹一番：时间过得好快，转眼一切物是人非。我问同学："如果让你重新来过，你会如何选择？"她想都没想，这样回答："也许还是一样的结果，即使在一起，可能也不会幸福。"

事情过去了十几年，到了 30 多岁的年纪，还在思考这个问题，着实太傻。现在我们都过得很好，这已经足够。只能说，那时候我们都不谙世事，却都真实单纯。现在回头看来，那时做过的傻事，真是无比懊悔。后来，我们发现谈论这些过往真是一种毫无意义的行为为一个已经从生活中消失的人去费口舌，真是无聊至极。但是，正是这样的谈话，才让我们看清过往的爱情犹如一瓶过期的饮料，应该直接扔进垃圾桶，而不是时不时地拿出来喝一口，不然会喝坏肚子。

谁没有过往。一个朋友让我看她写的一篇文章，是老套的初恋情人相见的故事，她在文中写道：还在爱着他，想着他，即便在与丈夫相处的时刻，脑子里还是那个早已远去的"他"。一个女人有了丈夫，有了孩子，而且已经 30 多岁，怎么还这样为旧爱痴缠？女人的傻也许就在于此吧。早知道忘不了，偏偏要去续那段前缘。喝了忘情水，却忘不掉某年的一个拥抱，一个眼神。真想告诉她，别再用文字去祭奠那段过往了，站在回忆的河里，久了，会得感冒。

人生是一场没有彩排的演出，过去的已经成为历史，不能再回头，不管是美好的，还是糟糕的，都不能重新来过。不念过去，不是完全忘却历史，而是挥挥手告别阴雨灰暗的日子，放下一切不快之事，一切困顿之情，一切彷徨之意。我们可以念旧，可以偶尔想起那些过往，但千万不要沉溺。对于30多岁的女人来说，最重要的事应是过好当下的日子，并好好打算未来的生活。

不悔于过往，不畏于将来，才是30多岁的女人最应该有的人生姿态。对于未来，如果能好好规划，步步为营，才能一步步走得扎实，走得稳妥，所以在尚未获得精彩的人生之前，我们大可不必有任何畏惧之心，该来的总会来，该走的总会走，坦坦荡荡地去迎接、去面对，才能拥有属于自己的美好人生。

人生不是按规划行事就能万事大吉，很多时候，人生之路会碰到很多无法预知的事，此时，要懂得勇敢地前行，而不是临阵退缩，做个生活的逃兵。

雅静在20多岁时，曾不止一次对自己说："我要在25岁结婚，最晚30岁要孩子。"可事到临头一切都变了。她28岁才结婚，31岁才有孩子。那时万分沮丧：我怎么将日子过成了这样？同时，也对未知的岁月感到绝望——完美主义的个性让她容不得自己的生活有一点儿瑕疵，而已经打乱的计划显然令她觉得不知所措，于是，苦恼加畏惧同时袭来，令她痛苦万分。她觉得一切都没有按自己的意愿行进。看看身边的朋友，大多遵循着相同的路线行走：毕业、结婚、买房子、生孩子……而她的每一件事似乎都晚了一步。

其中，她最不能忍受的是孩子的问题，朋友的孩子都好几岁了，而她的孩子才刚刚出生，仿佛考试得了倒数一样，灰心丧气地认为当人家的孩子上了小学，她的孩子才上幼儿园；当人家的孩子上了中学，她的孩子才上小学；当人家的孩子大学毕业了，她的孩子晚几年才能走出校门……就这样一直落后于人。肯定没有办法去弥补了，未来也是这般的令人难以接受，怎么办？

后来雅静碰到一个朋友，她也是 30 多岁时要的小孩，当雅静向她提及心里的苦恼时，她笑呵呵地说："你真是糊涂，你现在最应该做的事不是担心未来，而是过好当前的日子，尽力带好孩子，给孩子最美好的童年。担心未来有用吗？只要你的孩子顺顺利利地成长，就是最好的事。"

其实，很多事不是你努力了，就会有收获；不是你期待了，便会如你所愿。年轻时不谙世事，只是简单地规划人生，便觉得可以无忧，其实那只是年轻时的小小愿望罢了。错过了，就错过了，没什么大不了，你还有未来；未来不清楚，不明了，也没什么可怕，只要一直向前，梦想总有实现的那一天。

与其在畏惧中惊恐无助，不如大胆地接受未知的岁月所给予的一切突来的变故。今天对于明天来说已是过去，而明天对于今天来说永远是个未知数。每一个美好明天的来临都要经过一个漆黑的长夜，在这长夜里，畏惧也要度过，勇敢也要度过，倒不如将心放到肚子里，痛痛快快地睡一觉。如此，才能养精蓄锐，好好地迎接明日的朝阳。

得到的同时也在失去

小时候，希望自己快点儿长大；长大了，却怀念童年的纯真和美好；独身时，羡慕爱情的甜蜜；恋爱时，却怀念独身的自在。我们对很多东西，在没有得到的时候，总感到美妙，得到之后才开始清楚：我们得到的同时也在失去。

我们从一出生都在得到：得到父母的照顾和关爱，得到属于自己的身份证明，得到认识和体验世界的能力，得到所有吃喝玩乐，得到知识，得到朋友，得到恋人，得到家庭，得到工作，得到金钱，得到尊严，得到享受……

而同时，我们也在失去：失去童真，失去自由，失去休闲，失去健康，失去亲人，失去爱情，失去快乐……

结了婚，春荣一度不敢要孩子，为什么一直对要孩子的事不能下定决心，她的理由一直是客观的，但真正的原因却是内心深藏着的一种恐惧感在作祟。是她对婚姻和男人的恐惧，让她以为要孩子是一件可有可无的事，甚至一度以为孩子将来也会变坏，而她则要受到伤害。春荣觉得自己曾伤过妈妈的心，所以她害怕自己的孩子以后也会伤自己的心。

之前，春荣认为自己和身边的很多人都离家在外，很少尽到孩子对父母赡养的责任。对于父母来说，为孩子操劳一生，付出了很多，到了晚年，孩子却不在身边，是件很凄凉很伤感的事，也是件不公平的事。所以，她认为要孩子除了可以获得短暂的快乐之外，剩余的都是苦涩和感伤。于是，她对要孩子没有多大的动力。除了因为身边的人都陆续有了孩子，也因为传宗接代是人类的传统这些原因外，她实在找不出别的理由来要孩子。

其实，春荣是怕失去自我，怕失去自己的青春，怕失去自由和清闲的生活。后来，一个好朋友的到来改变了她的想法。朋友的孩子是个女儿，小小的胳膊粉嫩嫩的，很爱笑，走起路来一摇一晃，像个小企鹅，真是萌萌的。特别是看到朋友逗她的女儿时，春荣真觉得她们好幸福啊！那一刻她终于明白，一个母亲即使为孩子付出再多，也是甘愿的、快乐的。至此，她才滋生了要孩子的念头。

诚然，把一个小小的婴儿养大不是件轻松的事，我们会牺牲很多东西，但同时我们也会从孩子那里得到快乐、满足和喜悦。孩子让我们自己的精神有了更为具体的寄托，让我们更加充满干劲地工作、奋斗，这样说来，孩子所带来的积极意义是巨大的，至于说孩子长大后是否懂得孝顺，是否会守在身边，这些都顺其自然好了。

如果抱着感恩的态度对待孩子，就会觉得自己是幸运的。其实，养孩子就是你把他带到这个世界上来，养活他，这是你带他来到这个世界的义务，至于他以后对不对你好，养不养你老，都是他自己的权利，你只需做到问心无愧。如果从付出金钱和精力的角度来讲，养孩子是个赔本的买卖，但若从他给你带来的快乐和幸福来讲，你或许还欠孩子很多。

人生没有绝对的"得到"，也没有绝对的"失去"。得失永远是相生相随的。就好像你得到了一件漂亮的衣服，但同时你也失去了自己辛苦挣的钱。人生不是等价交换，但也处处透着一种平衡。所以，在得到一件东西时，不要过于高兴，因为你同时也在失去。同样，在失去一件东西时，也不要过于悲伤，因为你同时也在得到。

对于三十几岁的女人来说，最痛心的恐怕就是失去了青春吧。

青春是最美好的岁月，而岁月是最好的财富。所以失去青春却等于收获了财富，你能说自己是得到了还是失去了？

三十几岁的女人得到了经验，失去了青春；得到了成熟，失去了幼稚；得到了婚姻，失去了激情；得到了孩子，失去了轻松。我们得到的同时也在失去，得到时心情是快乐的，失去时心情是不悦的，但是，我们要懂得，很多东西正如硬币的两面，不可能同时两面朝上，所谓"鱼和熊掌不可兼得"，明白了这个，就能坦然地面对人生中的失去了。

舍得，有舍才有得，三十几岁的女人要学会放平心态，不要过于计较"失"，要知道，有些"失"是自然规律，比如我们青春的岁月、我们年轻的容颜，这些是谁也无法阻挡的事。所以，我们不如坦然地面对"失"，在失去的时候想到我们同时还有"得"。

想想人生真是一个圆，只是逐渐失去的多，收获的少。失去了激情、年华、亲人，甚至自己的生命，换回了不惑的刹那感悟。

你要这样告诉自己："我虽然失去了青春，但收获了成熟。有资本，有阅历，懂生活，明事理。我骄傲，我是三十几岁。"

告别一段情，没什么大不了

无论哪个年龄的女人终究难过感情的坎儿，三十几岁的女人更是常常为情纠结。

如果 20 多岁的时候认识一个男子，辛辛苦苦地走过来，到了 30 多岁的时候还处在"谈"的状态，那多少说明这样的爱情已经失去了当初的味道，或者说，难免走向分手的结局。

如果最后真的分手了，女孩子大多是难以承受的。毕竟为爱付出了最宝贵的青春，甚至付出了所有。更可悲的是，青春不再，身边的女孩都当了妈，男孩也都当了爸。与女人比，没有收获一个圆满的家；与男人比，失去了"年轻"这一爱情里最大的筹码；与自己比，心里的那个他一直放不下。

怎么办？分手是最摧残女人的"利剑"，可以让女人瞬间崩溃。

19

如果就此罢手，难免不甘，但要突围，却也很难。很多女人都这样想。她们觉得30多岁了还被分手，实在是一件丢尽面子的事。于是，纠结着不肯放手，吵吵闹闹，争来争去。最后，该分的还是要分，终究逃不过。

如果过了30岁，还纠结于之前的感情恩怨，那我只能说，这个人真是太可爱了！这可不是恭维！20多岁的时候，为了感情，可以疯狂，可以拼命，不管做多么不靠谱的事，谁都不会说你出格，大家顶多笑着说："看，又一个爱情傻瓜！"

可是，过了30岁，大家就会早早地规范你的行为，暗示你该如何收敛狂野的性子——他们会告诉你，你不再是那个可以被无限原谅的小姑娘了，你该有点儿女人的样子了，你不能再为爱情疯狂了，你该认认真真地谈恋爱，认认真真地结婚了。

谁规定过了30岁，就该如此？如果不能找到如意郎君，分一千次手也是值得的；如果碰不到合适的人，早早地结婚只是对自己的不负责任。所以，分手，怕什么！

我有一个很好的网友，相貌中上，性格温和。刚认识的时候，她正跟一个男孩谈着恋爱，后来不知道因为何事就分手了。或许是年轻，还经得起风雨，她只是痛苦了几个月，就恢复了元气。接着，过了几年，一直没有找到合适的。她跟我开玩笑："好男人都让人抢光了，也不给我留一个。"那时，她 28 岁。

那一年，我结婚了，她发来祝福语："一定要爱到白头哦！"我能想象这看似轻松的话语背后的心酸。后来，偶尔看她的空间里铺满了和一个男子的旅游照、婚纱照，原来她早已恋爱，这两年的幸福都从无数的照片中溢出来。照片中的男子是个大她两三岁事业有成、家境殷实的成熟男子，眉宇中透着坚韧和精明。

她说自己要结婚了，我祝福她终于找到自己的"那双鞋"。后来，我与她疏于联系，以为她早已结婚，过着为人妇的幸福日子。谁知，一转眼三四年过去了，有一天，她竟然说他们分手了。

我顿时不知如何安慰她。一个女孩子孤单了这么多年，好不容易有人"收留"，结果，老天还是不肯给她一个想要的婚姻，就连最后这根抓在手里的"稻草"也硬生生地给拽走了，害她 33 岁突然又成了单身，如果换作是我，估计会遁入空门吧！

然而，她却淡淡地说："没什么，我每天早晨和晚上都对自己说一遍：忘记他，要坚强！"

就这样，她熬过了最初的半年、一年，渐渐地开始接纳新的感情了。

她说："要走的人你留不住，装睡的人你叫不醒，不爱你的人你感动不了。"

分手就像"砍断自己的一只手"一样疼，那种疼不只是心碎，还有丧失尊严。心碎了，无法修补；尊严没了，更是无可挽回。所以，大多数女人都无法做到潇洒地告别。你要知道，他不是一个物品，可以永远属于你，他有选择的权利。

分手没什么大不了。经过分手，才能懂得人生并不圆满，懂得失去和得到只在一念之间，懂得缘分天注定，懂得你还没遇见那个真正属于你的他。

所以，分手了，就让那段感情成为历史，成为你人生中的"一堂课"，成为再次遇见幸福的一个伏笔。佛说"缘到尽时终须散"，不能相守即是无缘。失去才能遇见，遇见更好的那个他。

女人，你最美的就是此刻

女人最怕变丑，有很多女人从一出生就开始与丑做抗争——小时候被妈妈呵护着娇嫩的皮肤，怕冻坏了，晒黑了；初中就开始用保湿霜、护手霜、防晒霜，并时时注意减肥；不到 20 岁就开始用防皱霜、隔离霜，并懂得做保养；30 岁更是时常去美容院，除眼袋，去角质，美白，保养卵巢，整容……有多少女人不惜金钱去整容，买昂贵的化妆品，就有多少女人惧怕失去美丽。

女人天生都是爱美的，三十几岁的女人依然有着强烈的爱美之心，只是随着生活中琐事的增多，无暇顾及罢了。不少女人家庭事业两头忙，焦头烂额的生活使她们顾不上收拾自己。孕育生产过程是对女人身材的一种摧残，而带孩子是一种非人的折磨，随着孩子的茁壮成长，女人的健康和美丽却被损耗了。然而，不

23

管如何，三十几岁的女人一见到漂亮衣服和化妆品还是走不开，总希望自己再美一点儿。

有的女人觉得自己到了三十几岁就不再美丽了，特别是生了孩子后，身体变形，皮肤松弛，更是失去自信，于是破罐子破摔，干脆置之不顾；有的女人开始花大把的钱整容、买化妆品，恨不得一夜之间就变成白雪公主。

进入30岁，女人的容颜就开始出现衰老的迹象，这时一定要懂得保养。保养要从身体内部去调理，一个身体虚弱、内分泌失调、心烦失眠的女人如何能有好气色呢？女人重在气血，养好气血，容颜自然光彩照人。

在商场我们会经常看到一些化妆品专柜的促销员，20多岁的小女孩，长得挺水灵，抹着厚厚的粉底霜，可还是遮盖不住满脸的青春痘和雀斑。有的不施粉黛，可惜面色不好，脸色苍白，身体十分消瘦；有的眼圈发黑，嘴唇发白。其实，这些都是脏器出了问题的表现，要么是气血不足，要么是内分泌失调、精神压力大、休息不好，要么是阴虚内热，要么是肝郁不舒。

所以，再美丽的女人如果身体不健康，也不会有漂亮的脸蛋。其实，美不只是脸蛋，还有身材。三十几岁的女人大多已生过小孩，身材开始变得肥胖，这时要注重从外锻炼，从内调养。锻炼以跑步、跳舞、游泳为比较有效的减肥方式，调养以调节情绪、调理饮食为主，辅以适当对症的药物，就可以达到身心的健康。

张爱玲说："其实，女人的美，从来蕴涵着千个面目，不是每个人都可以看到它，在一个足够聪明的男子面前，它会展露给你世上最微妙的色彩。彼刻，纯白艳红，呈现另一番甜美的面貌。那样曼妙的花朵，需要刻骨的爱怜，聪慧的温情，才可以灌溉。""女为悦己者容"，失去了男人注目的眼光和关爱，再漂亮的女人也会花容失色。但我们是活给自己看的，没有"悦己者"，我们也要用心去装扮自己，而不是敷衍自己，敷衍别人。

美，不单是外表，还有心灵。外表的美可以去装扮，内心的美却要去修炼。不读书、不写字、不画画，不注意自己的言行、不修炼自己的心态、不热爱自己的生活，不奋斗、不向上、怎么能算得上美？

几年前，美玲辞了办公室文案的工作，想找个自由职业做。她说这份工作干了快 10 年了，实在受不了坐办公室的死板和拘束，早就想换个可以自由支配时间的工作了，于是，她到外面去"考察"。回来她告诉丈夫卖鸡蛋灌饼的活儿看着不错。丈夫惊得下巴都掉了，一个堂堂大学文凭，坐惯了办公室、细皮嫩肉的女人去卖大饼？美玲说看见一个 32 岁的小妹就在做这个买卖，生意还不错。

丈夫说那你可要想好了，这可不是一般人能做得了的。你是一个爱美的女人。这工作风吹日晒的，会变丑的哦。可谁知，美玲真的支起锅灶干了起来。一开始在路边，支起一个遮阳伞，戴上口罩、手套，这样就可以不怕风吹日晒了。只是，终究外面的环境还是不如屋里的好，她的脸还是慢慢地由白变红，又由红变黑了。虽然黑了一点点，可明显没有以前漂亮了。

但她只是淡淡一笑，似乎并不介意，还是继续干着。没想到生意越来越好，现在她已经开起了自己的小吃店。而她似乎比从前更美丽了，是她的自信和从容让人觉得女人最美的就是此刻。

现在的每一天都是余生中最年轻的一天，现在的时刻也是最美的时刻，所以，请不要老得太快，却明白得太迟。不要等到老了再来追求美，而要让美伴随着我们老去。

三十几岁是成熟的美，女人，你最美的就是此刻。请坦然地对自己说："三十几岁的我，最美！"

有强大的气场，何时都是"女神"

什么样的女人可以称为"女神"？

把刘晓庆比喻成"女神"一点儿都不为过，而且是"不老的女神"。20 岁的她娇艳欲滴，吸引无数人的目光，50 岁照样光彩照人，在娱乐圈引领美丽风尚。她的美丽有太多人可与之比肩，然而她永葆青春的容颜和心态却无人可敌。这个得过无数次最佳女主角的女人，每一次的出场都引来不小的轰动和关注。她曾在几十年前红透半边天，也曾在瞬间跌入人生的低谷，然而那张俏丽的容颜却始终不曾改变。每一次的出场她都笑靥如花，不管是日常装扮还是红毯礼服，她都丝毫不逊于 20 岁的小女生，如果不说，你一定不会猜到她已经是 60 岁的老人了。

仅仅凭不老的容颜就是"女神"了吗？在她身上更有一种强

大的气场：她身上有一种不羁的个性，她曾说："征服世界的不是只有男人。我的个性里，除了女性的温柔情怀、无私奉献外，一直有男儿严谨的理性思维，有驰骋疆场的气度力度，有铁的手腕及果断刚毅……我进入男性社会，管理男人，操纵男人，培养男人，在福布斯中国百名富豪榜上名列前茅。我做老板的"晓庆集团"横跨房地产、化妆品、服装、家用电器、影视、广告、饮料等各个领域，手下全是各行各业的精英，清一色的男人。"

她身上还有一种洒脱豪迈、能屈能伸的大气："人生不怕从头再来。咸鱼翻身，浴火重生，我已蜕变成大女人——伟大的女人。伟大的女人，是水一样的女人。你在高处，我便退去，让你独自闪耀光芒；但如果你在低谷，我便涌来，温柔地围绕你，拥抱你，给你温暖。"

她身上还有一种永不言败、坚忍不拔的毅力："没有靠山，自己成为山。失去了天下，再打天下。活着，就要风华绝代。我曾无数次被打倒，可是我绝对不会被打败……在人生的大海中航行，哪有不受伤的船？"

她身上更有一种不怕困难、不怕磨难的强大自信："过去我不懂这个道理，凭着白手起家、少年得志的轻狂，总感觉风流人物得看今朝，南墙上撞得头破血流，终于，撞到秦城去了。但我

没有趴下。从亿万富姐儿到千万"负婆"，连从零开始的资格都
没有，可活着的每一天都是赚来的。我不在乎曾经炫目的"刘晓
庆时代"，也没有一件事值得我悔恨终生，我活着的每一天都清醒，
快乐，风华绝代。"

她的身上更有一种不靠天不靠地永远靠自己的倔强："只有
用自己双手创造的未来，才是唯一可以掌握的命运。古今中外著
名女人，几乎都是靠男人上位，获得资源后再发展自己，改变以
及创造历史，比如我扮演过的慈禧、武则天、萧后，等等。可是我，
从音乐学院附中学生到普通农民、工人、士兵、电影明星、商界
老板……直接蹚过男人河，不靠男人，全是个人奋斗，并且慧眼
识金，发现他们，给他们发挥的平台，推广他们，成就他们……
我当然不是贞节烈女，只是我没有过潜规则，从来不利用身体去
达到目的。"

果断、自信、独立、坚强这些都是岁月打磨出来的强大的气场。
强大的气场源于强大的内心。内心足够强大，何时都是"女神"。

现在，在这个美女如云的时代，夸奖一个女人长得漂亮，已
经算不上最高的礼赞了！真正的"女神"拼的不是脸蛋，而是气场！
有些女人只需一个微笑，就能让你感觉到她"我为胜利而来"的
自信与坚毅，如希拉里·克林顿；有些女人只是一个眼神，就传

递出了"天使坠落人间"的高贵与优雅，如奥黛丽·赫本；有些女人没有标致的五官，却依然散发着无与伦比的魅力，如梅丽尔·斯特里普……她们以恰当的装扮凸显着自己的个性，以自信和坚毅的表情传达出强大的气场。

何谓气场？气场是一种味道，一种只能用眼睛感知而不能用言语来形容的味道。它不是先天生成，而是后天的历练。气场是一种围绕在人身体周围的巨大的"磁场"，它看不见摸不着，能吸收并内化一个人成长中所有的得与失，包括性格、仪表、修养、学识、气质、品位、成长环境、家庭背景等，这些元素经过各种方式的变化组合，形成一种独特的能量。这种能量附着于我们的身体并形成独特的存在形式，就是我们所谓的气场。所以，气场强大的女人是美丽的外表、优雅的举止、强大的内心汇聚一身的女人，这样的女人才叫"女神"。

不那么容易，也不那么难

CHAPTER 2

你依然拥有追求爱情的权利

错过了爱情，不等于错过了幸福

爱情和婚姻是两码事

在婚姻里，做个睿智的「舵手」

家，永远是女人幸福的「港湾」

人生的多个角色

什么都能舍弃，但请留下梦想

你依然拥有追求爱情的权利

张爱玲说："这世上没有一样感情不是千疮百孔的。"我们总是奢望爱情是完美的，"执子之手，与子偕老"，可世上又有几个人的爱情真的如此呢？大多数时候爱情像"鸡肋"，当你为它全心全意付出的时候，往往颗粒无收，或者得到一个痛彻心扉的结局。

爱情是冒险，是赌博。有爱，就有伤害。可我们不能就此彻底否决爱情，彻底不再去爱。

22 岁时，美芝的初恋走到了终结之地。那时候，她觉得自己伤痕累累的心已无力承担一点儿爱情的风雨，不敢再爱了，甚至觉得看破红尘似的讨厌爱情。

可是，转眼她又碰到了爱情，而且爱得轰轰烈烈，仿佛昨日的恋情之殇从未有过。就这样，她又有了爱的能力，才发现自己依然拥有追求爱情的权利。而那段受伤的初恋，从此变得不再那么触目伤情，不再心痛。

其实，一个女人任何时候都有爱和被爱的权利，不要说已被爱伤透了心，不要说今生再也不相信爱情。你要知道，伤害你的不是爱情，而是不懂爱情的那个人。如果你碰到了爱你的人，你就会恢复爱的能力。

明星伊能静在离婚之后，一度心灰意冷，就这样单身了 10 年。后来，她碰到了一个对自己很好的男人，一开始她非常怀疑——怀疑自己是否还有爱的能力，怀疑一个比她小 10 岁的男人是否可以一直对她好下去。她怕世人的眼光，害怕舆论的否定，她更担心与男友年龄的差距会带来困扰。这个时候，她想起儿子说的话："你除了是妈妈之外，你还是你自己啊！"

后来，她还是勇敢地把自己嫁了出去，过着幸福的日子。她说："我们穷尽一生在寻找自己是谁的答案，我们以为'女儿'是我们、'妻子'是我们、'母亲'是我们，却常常忘了在这些角色之外，我们还是自己。"

"我们是自己"，就有权利获得作为人的一切，包括爱情。不要说世上已无真爱，不要说自己不再年轻，只要你愿意，谁也没有资格剥夺你拥有爱情的权利。

我的一个朋友在 32 岁的年龄还单着，身边的女人一个个都成家了、生子了，有的孩子都好几岁了，可她依旧不慌不忙地上着班，似乎别人的生活与她毫无干系。她不羡慕，也不嫉妒，天天享受自己的单身时光。不过，我也能在偶尔的时候捕捉到她眼神中的落寞，特别是在人多的时候。或许她还是期待有个人陪吧。是啊，哪个女人不期待爱情？可是，她条件不太好，相亲无数次都失败了，男人看不上她的平凡无奇，她看不上人家的假心假意，总觉得到了这个年龄找对象都是奔着结婚去的无奈之举，没有多少人还会讲究有无爱情！

可她偏不，她希望有爱情，且是真心的。她说："我再普通，也是一个完整的人，我凭什么不能有段爱情？"她从未恋爱过，一直向往书中那些凄美的、幸福的爱情，羡慕那些被男孩子爱得天翻地覆的女人，如果不能体会一把爱情的滋味，她说那就等于白活了一场。所以，直到现在，她还在等待，等待爱情。

有的女人以年龄大了为理由，觉得自己错过了谈恋爱的年龄，也就丧失了寻找或接受爱情的勇气。其实，年龄不是爱情的障碍，就算女人到了 80 岁，依旧会渴望爱情，女人的一生似乎总是与爱情分不开的，爱情不是女人的全部，但却是女人生命中非常重要的一部分，没有女人会忍受无爱的时光。

娱乐圈"不老的女神"刘晓庆在爱情上绝对是个最洒脱的女人，她一直都没有停止过恋爱的步伐，58 岁又有了第四次婚姻。她敢爱敢恨，已经有了三段婚史、四段恋情，但是，与一些靠婚姻和"潜规则"往上爬的明星不同，刘晓庆的婚姻和爱情大多由"惜才"而起，甚至为了"真爱"不惜屈尊下嫁。

我们不能与刘晓庆相比，经不起这样的折腾，但是我们可以学习她不论经历过怎样的爱情坎坷和伤害，都一如既往地相信爱情、大胆地拥抱爱情的勇气。不要因为一次失败的感情，就觉得爱情再也得不到了，自己没有拥有爱情的权利了，甚至不相信爱情了，其实，爱情没变，只是你的心变了，爱情仍在，而你是否看得见。

有的女人年轻时把身心交给学业、事业，却唯独没有爱情，以致成了当下所谓的"大龄剩女"，看着身边的女孩一个个结婚、生子，这些女人更加焦虑不安，更加怀疑自己是不是这辈子都得不到爱情了。

现在，很多女人到了 30 多岁，在残酷的现实面前，觉得自己早已丧失爱的能力。她们认为自己已经从激情澎湃的青春走向平静的而立之年，应该将精力放在如何提升自己的生活质量，实现自己的理想上面，而不是纠缠在虚无缥缈的爱情里，毕竟，爱情不能当饭吃。而且，即使有的女人在这个年龄段依然单身，或者在婚姻中过得不够好，她们也会以自己年老色衰，身边难以碰到合适人选为由，觉得自己不再拥有爱情的权利，因而不会轻易地走进一段感情或开启另一段婚姻。

其实，这是一种错误的想法。你依然拥有追求爱情的权利，爱是人最初和最本真的能力，人生最后唯一给我们的烙印是爱的印记——你爱过谁，是否也得到了爱。

错过了爱情，不等于错过了幸福

"我是一朵盛开的夏莲，多希望你能看见现在的我，风霜还不曾来侵袭，秋雨还未滴落，青涩的季节已离我远去，现在，正是我最美丽的时刻，重门却已深锁。在芬芳的笑靥之后，谁人知我莲的心事，无缘的你啊，不是来得太早就是太迟。"一个女孩子在最美好的时刻等待一段爱情，只是缘分未到时，无缘的人总是错过。"不是来得太早就是太迟"，正是这样的可遇不可求，才让爱情变得神秘，让缘分变得珍贵。

只是，错过了爱情，不等于错过了幸福。就像得到了爱情，也不一定能够得到幸福一样，爱情和幸福是两码事，只是很多女人把二者等同起来，天真地以为爱情就是自己的全部，以为错过的那个男人是全天下最好的男人，从此便心如止水，波澜不惊。

人都有一种"得不到就是最好的"心理。

有一天，王琳在网上碰到多年前的同事，聊起10年前刚工作时的情景，这个同事突然"爆料"王琳当时被男同事们称为"女神"，很漂亮，很迷人，哪个男人都动心。还说她老公得此佳人有福气。王琳知道这个同事当时对她有几分好感，但她还是惊讶万分，因为她不是个特别漂亮的女子，虽然也有几分姿色，但绝对是人堆里被淹没的人，不过"女神"的称呼的确让她一整天都美滋滋的。只是这个同事不知道现在的王琳早已被岁月磨炼成了一个不折不扣的"女汉子"。王琳心里想："如果他知道我有时候忙得不顾形象，穿得像个村妇，再也没有了年轻时动人的容颜、纯真的笑、青春的洒脱和不羁的个性，他一定会大跌眼镜吧！"

人，只是看到相处时某个时刻的东西，而且越短，感觉就越好，所以才有了一见钟情，也才有了一叶障目。如果他们真的在一起，相处一生一世，或许他就会慢慢地称呼她为最原始的名字——女人。就像吃山珍海味，起初觉得好，久了也就不以为然。

其实，那只是当时的一种感觉，或许时过境迁，一切都已物是人非。再漂亮的容颜、再动人的声音、再渴慕的佳人，时间长了也会厌倦，所以，再也不要傻傻地认为你错过的那个就是最好的。三十几岁的女人，即使青春不再，爱情稀少，也别再为错过而后悔，人人都会错过，人人都曾经错过，真正属于自己的，永远都不会错过。那些错过的，说明不属于自己。

假如没有错过，但不属于自己的，终究都会失去。

张娜曾经对一个男孩子迷得七荤八素，最终她把他追到了手。但相处一年之后，那个男孩子还是离开了她，悄无声息地消失了。张娜觉得自己对他那么好，那么爱他，他怎么还要走呢？她想不通，还费尽周折去打听他的下落，但都杳无音信。后来，张娜终于知道男孩子离开她是因为不再爱她了，或许从最初都没有爱过她，只是被她的真心感动而已。张娜无比伤心，没想到在她以为多么美好、可心的爱情竟是这样的满目疮痍，正如张爱玲那句有名的话："生命如一袭华丽的袍子，里面爬满了虱子。"她的爱情就是这样的一件"袍子"。

被伤成了这样，她还是不能死心，总是给那个男孩找各种离开的理由，差不多都是埋怨自己不够优秀的话。她觉得是自己不够好，才不能配得上那么好的一个男子。所以，张娜得出，是自己没有能力拥有他的爱，不是他错了，是自己错了。如此这般的自我糟蹋，真让人感到心疼。

更令人不可思议的是，就算多年后，张娜结了婚，有了孩子，35 岁了，还在念叨这段得到又失去的爱情。这也不能怪她，自从失去那段爱情，她就再也没有碰到过心动的男子，后来直接就嫁了一个追她多年的外地男人。因为无爱，心底总有遗憾，总觉得错过了一辈子的幸福。即使当下的男人再爱她，给予她再多的幸福，张娜也不觉得这就是幸福，相反她活在自己建造的爱情城堡里，幻想着与另一个男子的长相厮守。

错过了自认为美好的爱情，说明他真的不属于自己，即使强求，也毫无意义。倒不如潇洒地放手，给彼此一个寻找幸福的机会。

其实，自己错过的人和事，别人才有机会遇见，别人错过了，自己才有机会拥有。如果能从另外一个角度看问题，就能懂得，错过是为下一次遇见所做的最好的伏笔。我们在每一次错过的时候，都为自己庆幸——"哦，我终于有机会开始下一段的爱情了，有机会遇到生命中那个独一无二的他了。"

所以，错过了爱情也不必悲伤，不必绝望，要勇敢地开始下一次的幸福之旅，好好把握下一次的爱情，不要再次错过了生命中最美丽的时刻，也不要错过了最真的爱情和最幸福的一生。

爱情和婚姻是两码事

在一条石板小道上，有两拨儿人，一拨儿是上山的，一拨儿是下山的。有时候他们会擦肩而过。上山的虽然满头大汗，但却兴致勃勃地和下山的打招呼："山上的风景不错吧？"下山的疲惫不堪，连连摇头："一座破庙，几尊菩萨，没意思。"上山的人说："哦，是吗？上去看看再说。"说完擦一把汗，继续向前攀登。过了一段时间，这拨儿上山的人下来了，在这条小道上，又碰上向上爬的另一拨儿人："山上好玩吗？""一座破庙，几尊菩萨，没意思。"但上山的也是不以为然："哦，是吗？上去看看再说。"

这像极了我们的爱情和婚姻。如果把婚姻比作一个"城堡"，那就是外面的人想进来，进来的人想出去。说婚姻是"城堡"的人，都是结过婚的人，在婚前，他们也都像上山的人，尽管疲惫不堪，还是憧憬着爱情的甜美。一旦等到了，结婚了，就会感到"没意思"。醉过才知酒浓，爱过才知情重。如果说恋爱是一杯"美酒"，那么婚姻就是一杯"白开水"。爱情和婚姻，有时就像一株"彼岸花"——得到了爱情，失去了婚姻；得到了婚姻，失去了爱情。两者似乎不能同生共存。所以，在这个世界上，有爱情的婚姻似乎总是很稀少，婚姻不是爱情的专属，没有爱情也可以有婚姻。

朱德庸说："高难度的爱情，是月色、诗歌、三十六万五千朵玫瑰，加上永恒；高难度的婚姻，是账簿、证书、三十六万五千次争吵，加上忍耐。"可见爱情与婚姻是两个极端，就像南极和北极，一个热情似火，一个冷若冰霜。爱情是激情四射的探险，婚姻是索然无味的过程。

然而，千百年来，男女结合是人类的大"规矩"，很少有人逾越，所以，婚姻几乎是所有女人的选择。除此之外，婚姻还是一些女人改变命运的"跳板"，以此来获得工作、金钱、地位、身份等，如此说来，婚姻就成了交易，而与爱情无关。

所以，爱情和婚姻根本不是一码事，有爱情的两个人不一定能走进婚姻，婚姻中的两个人也不一定就有爱情。有些人相爱但不一定以婚姻的方式体现出来，却可以爱一生一世，因为爱情在他们的心里。比如金岳霖对林徽因的爱，他可以为了爱情一辈子不结婚，始终守候着心中的她；有些人不爱却拥有着看似牢固的婚姻，但其实名不符实，同床异梦，纯粹是自欺欺人而已。比如，一些女人为了追求金钱、权势，嫁给不爱的人，虽然得到了短暂的利益，但终究难以长久，有的可能还会落得两败俱伤的地步；有些婚姻中的两个人刚开始是相爱的，随着彼此的熟悉，到最后的厌倦，以致无爱，或者最终还落得离婚的结局。大多数人的婚姻都是平淡无奇的，随着时间的流逝，渐渐磨灭了爱情的印记。

10 年前，晓莉和男友一见钟情，他喜欢她的漂亮大方，她喜欢他的老实稳重。之后，他们顺理成章地恋爱、结婚。恋爱时，他们如胶似漆，真是一天不见如隔三秋。结婚后，感情随着时间和琐事逐渐变淡，但彼此还是深爱着对方。

后来，晓莉有了宝宝，婆婆来帮忙，她才发现家庭和美的表面下潜藏着很多矛盾，原来公婆一直对这个有钱、有貌、有能力的儿媳不满，他们看不惯这个脾气急躁、雷厉风行如男人、让自己的儿子干家务活的儿媳。而晓莉也觉得婆婆不讲卫生，不勤快，不操心，就这样，婆媳矛盾产生了，后来发展到水火不容的地步。婆婆拿长辈的身份压人，动辄丢下孩子回老家。这样，老公受夹板气，夫妻感情也受到影响，不和睦的家庭令彼此都很压抑。晓莉觉得爱情早已不在，仅有的亲情也变得淡薄，她甚至怀疑这段婚姻的意义，好几次都想离婚，难道婚姻真的是"爱情的坟墓"？

有人把婚姻比作"爱情的坟墓"，但这只适用于没有经营好的婚姻上，对于相爱的人来说，婚姻更多的是爱情的升华，是一辈子的相扶相携。

我们应该认识到爱情是婚姻的基础，双方因为爱情结合，但婚姻又远远超过爱情，因为婚姻意味着彼此都要理智面对很多现实的问题。婚姻不似爱情那么简单，但是婚姻中也蕴含着信任、蕴含着牵挂、蕴含着温情。婚姻本来就是建立在彼此相爱的基础之上的，我们只要好好地经营婚姻、维护婚姻，就会发现婚姻并没有想象中的那么可怕，我们依旧可以感受到恋爱中的甜蜜与激情。婚姻虽不是"坟墓"，但要想婚姻成为"天堂"，也需要付出努力，要以互相的包容、理解、尊重来对待，才能让爱情在婚姻里继续保持。

同时，作为三十几岁的女人，在婚后一定不要奢望日子还如谈恋爱的时候那样浪漫，轻松。结婚了，生活的烦琐就多起来，压力也大起来，两个人的摩擦也多起来，这时就不能再如谈恋爱的时候那样要求老公了。女人一定要懂得爱情和婚姻是不同的，我们的心里可以保留着爱情，却不可以拿爱情当饭吃。

女人要懂得婚姻是爱情的延续，也可以是爱情的终结，关键看你如何去做。

在婚姻里，做个睿智的"舵手"

刘晓庆说："我一生都在逃脱婚姻，为什么要有婚姻呢？一个人不是挺好的吗？照样有爱情，照样有所有婚姻的内容，而没有婚姻的桎梏。"说这话时，她已经有过几次婚姻，当然也有过几段爱情。或许是婚姻的波折让她觉得婚姻是桎梏，倒不如一个人自在。敢说这样的话需要有相当的勇气，像她这样经济独立、个性洒脱的女人终究是少数的。

为什么越来越多的女人不愿结婚，或者在结婚后感觉不幸福？只因为女人没有碰到一个全心全意爱她的男人，而女人却要为了婚姻付出自己的全部，最可悲的是，女人付出了，牺牲了，男人却不理解她，不知道疼惜她，甚至冷落她，厌恶她，离开她。

诚然，遇到一个爱自己、疼自己的男人，是女人的幸事，但大多数婚姻的不幸并非只有男人是"肇事者"，作为女人，也要从自身找原因：我是否做得足够好，好到令男人走不掉，不想逃？

杨芳离婚了，一天她找到婚姻专家，问："两个相爱的人，为什么到最后，有的会失去爱呢？"

"因为他们不懂得爱是给予。"婚姻专家说。

"如果给予了爱，还是没有得到爱，怎么办？"杨芳问。

"江河流进大海，把水源源不断地给予大海，正是江河对大海的给予，才有了无穷无尽的江河水。"婚姻专家说。

"这跟爱有什么关系呢？"朋友问。

"爱也是这样，给予爱，一个人的心里才会不断地生出爱、长出爱，才会拥有生生不息的爱。"婚姻专家说，"爱是给予，所以才不会失去。"

女人到了30多岁，婚姻逐渐平淡下来，但同时，女人也多了很多顾虑：男人对女人的热情渐淡，甚至厌烦；女人生了孩子，变成了黄脸婆，有的还失去年轻时的温柔和体贴；孩子还小，需要照顾；工作压力大，心累；家庭琐事多，心烦。所以，婚姻在此时最脆弱，稍不小心就会触礁，就会搁浅，甚至分崩离析。

婚姻犹如一条行驶在海上的"船"，女人要做这条船上的"舵手"，才能在波涛汹涌的大海中安全地行驶。大海犹如复杂的社会，婚姻在社会中穿梭，你的家人就是维护这条"船"运行的船员，海上的风浪、礁石就是摧残婚姻、破坏婚姻的"危险因子"，女人只有时刻保持警惕，运用自己的智慧，方能保持"船"不被惊涛骇浪所吞噬。

两个人生活久了，难免会出现问题，但聪明的女人善于在婚姻里做个睿智的"舵手"，懂得用自己的智慧经营婚姻，这个智慧就是宽容，它可以让婚姻摆脱"七年之痒"，打倒"小三""小四"，将婚姻进行到底。

晓蕙总是向朋友"炫耀"她美满的婚姻，其实是在炫耀她自己的驭夫之术。她说，她的丈夫有时候一句话无意中冒犯了她，便会像一个做错了事的孩子一样，跟她道歉，说尽好话哄她劝她。坐在一旁的一个朋友不由得想：如果我们因一句话冒犯了父母，我们会放在心上吗？不会！因为我们心里十分清楚，父母决不会因我们一句冒犯的话，而不爱我们，而放弃对我们的爱。同时，这个朋友还替晓蕙担心他们的婚姻，如果她一直这样，他们的婚姻迟早会出问题。因为这已不是爱，真正的爱，不用担心失去，不用爱得如履薄冰。如果爱得小心翼翼、担惊受怕，那么，只能说明那爱是不牢靠的，是风雨飘摇的。

婚姻，其实就是男人女人斗智斗勇的"游戏"，在此其中，爱情早已被摧残得灰飞烟灭。只是聪明的女人看透而不说透，不是每次不痛快时都把婚姻的伤疤揭得体无完肤，聪明的女人懂得给对方留面子，这其实也是给自己留面子。所以，聪明的女人从来都舍得放手，不看手机，不查岗，不追问，"爱干什么干什么，只是别让我发现。"她们会把这句话时不时地给男人说一下，告诉他风筝的那根线她还牵在手里。

所以，他说要开会、约会、聚会，就大胆地让他走，有什么大不了！如果女人把婚姻看得太重，把幸福全押在婚姻上，就会被压得心累，渐渐觉得婚姻无趣，还会让丈夫反感。

很多30多岁的女人说婚姻没意思，"有意思""没意思"不在于得到了什么，而在于心里是否知足。快乐是一个过程，而不是一个结果。不知足的人往往太注重结果，而不注重过程。婚姻就要懂得知足，方可在一路攀爬到山顶时领略到别有一番滋味的风景。

我们要知道，没有一百分的另一半，只有五十分的两个人，凑成一百分的两口子。不要事事要求丈夫做得完美，而要以理解宽容之心去体谅对方的不易。所以，婚姻长久的秘诀其实很简单，多少人总结出的最重要的几个因素就是：给予、宽容、知足。

除此之外，婚姻还需要信任、理解、沟通、尊重等。

家，永远是女人幸福的"港湾"

人是漂泊的船，家是温暖的岸。人不管漂泊多远，家都放在心里。谁都无法割舍家的温情，一盏灯，一串欢声笑语，一个背影，构成了一个大写的"家"字印在我们的心里。

家，不是有了房子，就有了家，而是有了人，才算有家。空无一人的家是寂寞，是清冷；欢声笑语的家是希望，是幸福。

家是我们生活休息的场所，也是我们放松心灵的地方。它安放的是我们的身体，更是我们的灵魂。女人尤其渴望家，这是因为女人把家视为生命。女人没有了家，就像一根浮萍，飘忽不定，找不到幸福的方向。有了家，女人就有了爱的方向，有了前进的勇气。不管前方是豺狼虎豹，还是荆棘坎坷，都能望着家的方向默默地前进。

结婚后，女人的家就变了，这个家成了女人新的归宿。因为这个家，女人要抛下原来熟悉的一切来到一个完全陌生的环境。女人要学会适应这个新家，这里会有矛盾，会有怨言，会有不开心。最关键的是，在这个家，除了孩子，没有一个人跟自己有血缘关系，所以有的女人纵使做得再好，这个家的人也难以像亲人一样对她。而且，遇到矛盾时，有可能没有一个人站到自己这边，包括自己的男人也有可能会落井下石，置女人于孤立无援的境地。

　　所以，有一个充满亲情和爱的家是女人幸福的"港湾"。三十几岁的女人大多已结婚、生子，所以这个家又有了更多的成员，那么，女人就要开始好好珍惜这个家，经营好这个家，打造一个舒适、温馨的家，不要让家笼罩在争吵、矛盾等不和谐的阴云中。

　　那一年的元宵节，琳琳刚生了孩子在坐月子，她一个人听着远处的炮声，觉得心凉了。她曾经幸福的家就如这烟花一样，是那么脆弱、美丽，并且短暂。

　　她和丈夫的感情因为婆婆的原因变得脆弱不堪，婚姻如同一个空壳，家眼看就要瞬间崩塌。她想要离婚，逃离令她伤心的家，伤心的人，逃离曾经把她当成一家人的所谓的亲人。她想："其实没有血缘关系的永远都算不上亲人吧？！别人也这样想的吧？！一切都怪自己年轻幼稚，曾经把心都交给他们，想拿真心换真心，换一个圆满，可结局却是如此的可笑。"

琳琳把自己的心情写在日记里："我和他都有手机，却很少联系；我们都有微信和QQ，却很少聊天；我们住得很近，心却离得最远；我们曾经手牵手，现在连手指都不会碰一下。我们之间隔了很多东西：压力、孩子、父母、金钱。每一样都像个屏障，分开了我们的心。那一刻，我恨不得立马与他们一刀两断，此生、来生都不再做一家人。"

第二天，琳琳起得很晚，孩子都还睡着，等她来到客厅，发现饭桌上已经放好了一桌子的饭菜，原来老公破天荒早早地起来做了饭。琳琳没有理他，心却软了大半。她回头想了昨日的想法，觉得自己真是冲动，如果她真的选择了离婚，首先孩子就会受到极大的伤害，而且这个家从此就彻底不存在了。

家看似坚固，有钢筋水泥，其实却是个很脆弱的东西，经不起风雨。外面"风霜雨雪"的侵袭已经够多，如果自己还从内部一砖一瓦地"搞破坏"，那么这个家将很快危如累卵，最后必将不复存在。而回头想想，当初组成一个家是多么的不易，一砖一瓦，一桌一椅，如燕子衔泥！所以，辛苦组成了一个家，就不要轻易拆散，不要轻言放弃，不要说有那么多无奈的理由，除非我们自己，没有任何一个人可以拆散我们的家。

有人说，当家人之间开始据理力争时，家里便开始布上阴影。多少家人，为了表面的一个"理"，相互敌视、伤害，最后落得无法收场，妻离子散。他们不知道，家不是讲理的地方，也不是算账的地方。不然，这与公堂有何区别？

　　家是讲爱的地方。爱让人情长久，让家温馨。爱是家的黏合剂，它是一根红线，牵着每个人向前进，有了爱，才能无惧风雨，才能踏平坎坷，才能劲往一处使，心往一块走。

　　在家里，爱是甘露，没有什么比亲情更重要，人往往在平时看不出亲情的宝贵，一旦发生重大事件就能体现出亲情的强大力量，所以要学会以宽容之心对待亲人，及时化解矛盾：夫妻之间以信任为法宝，对待公婆以尊重为原则，对待孩子以理解为根本，对待兄弟姐妹以忍让为关键。

人生的多个角色

人生如戏，你就是戏里的主角。只是你要常常身兼数职，一个人扮演多个角色。一个女人的一生要扮演数不清的角色：

刚出生的时候，你是父母的女儿，上学了，你是老师的学生、朋友的伙伴，之后，随着时间的递增，你的角色又增加了几个：某人的女朋友、老板的下属、下属的领导……再往后，你结了婚，又扮演了种种新的角色：某人的妻子、某家的儿媳妇、某个小婴儿的妈妈……再到后来，你逐渐获得更多的角色：婆婆、丈母娘、奶奶、外婆……

对于 30 多岁的女人而言，这个时期扮演的角色很多，而一个最重要的转折点就是生孩子、做妈妈。"妈妈"这个角色是女人一生中最重要的角色，也是大多数女人最向往的角色。

然而妈可不是好当的。女人在三十几岁的年龄生孩子是道坎儿，不是说它本身多难跨过，而是跨过去之后自己的生活会变成什么样儿。有的女人会变成"超人""女汉子"，不是不想继续温柔如水、像朵娇羞的水莲花，而是孩子的吃喝拉撒会把你折腾得体无完肤，夜以继日的辛劳会让你慢慢淡忘自己的皮肤是光滑还是粗糙，淡忘发型是否继续保持完好，淡忘身材是否继续苗条，甚至忘了自己吃了几顿饭，更别说去看场期待已久的电影，抑或来趟说走就走的旅行。

在结婚很长一段时间内，小敏都不敢要孩子，因为生了孩子的女人会变得很丑，很胖，这对爱美的她来说是件难以忍受的事。更骇人听闻的是，生了孩子之后，如果没人帮忙，女人就无法继续工作，只能在家做一个全职妈妈，变成黄脸婆。

其实，这些都不是最重要的，她心底有一个结，一直转变不过来，那就是"要孩子是为了什么？"搞不懂这个问题，小敏就好像无法获得生孩子的通行证似的，迟迟不肯从内心去真正接纳一个新生命。其实，这些种种的纠结都是源于她还无法接受一个全新角色的转变。

然而，她还是在看到身边的朋友们生了一个个可爱的小天使时，动了心。虽然在看到自己孩子出生时萌萌哒的脸庞兴奋得不能自已，但接下来的一大堆问题立马让她不知所措。

首先是角色的转变，当孩子降临之后，她根本没有时间去意识到这个问题，便马上进入了"备战状态"。先前自己是女儿，是妻子，之后又多了一个角色——妈妈，这种兴奋又有些羞涩的感觉是新鲜的，每个初为人母的女人在此刻还难以爆发出全部的母爱，那是因为她不知如何去做才能让自己像个妈妈，更不知如何才能很快进入妈妈的角色。所以此时，女人们会有一种复杂的不知所措的感觉。

其次，便是如何扮演好这个角色。这年头，妈可不是好当的，没有两把刷子就想把熊孩子捣鼓好，可不是件容易的事。带孩子相当耗费人的体力、脑力和精力，她要每天打起十二分的精神去全心全意为他服务，在这种情况下，"妈妈"这个角色非常突出地显示出了她的强大力量，然而，其他的角色呢？作为女儿，此时她已经没有太多精力去照顾老人了，作为妻子，也没有心情去顾及丈夫的感受，只能让老人和丈夫都统统靠边站。

没办法，小小的婴儿是此时的弱者，母爱的本能使得女人将生活重心倾斜在这个小屁孩身上也是可以理解的。但是，与此同时，女人会很快将"自己"这一最原始的角色淡忘，出现一种迷失感和抑郁状态。而且，在这种失去自我的阶段里，30 多岁的女人往往会面临很多从未遇到过的问题——孩子怎么喂养最科学？

如何让婆婆按科学的方法带孩子？如何协调好与婆婆的关系？整天忙得晕头转向，如何兼顾丈夫的感受？家庭与工作如何两手抓？这些问题一下子铺天盖地而来，常常令这个阶段的女人觉得活得很累，很累！

所以说，30多岁的女人更多地像一个"变脸达人"——每天变换不同的"面具"充当不同的角色，来适应不同的环境和人，已经分不清哪个是真实的自我，也早已淹没了最初的自我。

人生是场自导自演的戏，需要扮演多个角色。每一个角色都意味着一种责任和义务，角色的多样是否让你无所适从，迷失了自己？

有一个30多岁的女明星，在宣布离婚时说："我没有扮演好一个贤妻的角色，婚后，我依旧专注于我的事业，却忽略了去经营婚姻和维持一个家。我成为一个妻子，却没有成为一个贤妻。"或许很多女人都会有这样的感慨，演好了这个角色，却无法将别的角色演好。

其实，你扮演了多少角色，便担负了多少悲欢。但是，不管扮演了多少角色，不管多么力不从心，30多岁的女人们，请千万别丢了"自己"这个最重要的角色。

要演好人生这场戏，就要认真地扮演好每一个角色，才能让30岁之后的人生更加精彩。

什么都能舍弃，但请留下梦想

奥普拉说："一个人可以非常清贫、困顿、低微，但是不可以没有梦想。只要梦想一天，只要梦想存在一天，就可以改变自己的处境。"梦想是女人生命的蓝图，有梦想的女人最美丽。梦想让女人变得年轻，一个三十几岁的女人，如果有梦想，照样可以活得精彩。如果她让自己成为一个神话，那么她就可以成就一个神话。梦想是人生的"魔术师"，在她的手中，可以把一个贫民窟的小男孩变成世界足球明星，也可以把一个柔弱的女人变成闻名世界的作家。

我 20 多岁的时候，邻居嫂子刚生了孩子，辞职在家全力照顾小孩，那时候我正读大学，满心幻想着缤纷的未来，觉得这样的日子离我还很遥远。暑假的时候看她抱着小孩站在屋外乘凉，摇着一把芭蕉扇，一下一下地扇着，跟我有一搭没一搭地聊着天。

以前她可是能干得很，工作很卖力，早起晚归的，我常常羡慕她可以穿着漂亮的工作服骑着车回家。可现在……我突然觉得一阵悲哀，女人就该这样吗？我想到了自己，是不是多年以后我也要这样，生孩子，带孩子，没有工作，没有梦想，做个家庭主妇？女人为什么不能像男人一样在外面叱咤风云？同时也替她悲哀，于是脱口而出："嫂子，女人就得这样吗？"

她停下手中的芭蕉扇，笑着看我："可不是嘛，女人还能怎么样？"她说话时一点惆怅的样子都没有，我很怀疑她的淡定。接着她似乎明白了我的意思，又说："你到时候就明白了，你想干什么都身不由己。"

几年后，我终于明白了，真是不经历不知道，知道了却为时已晚——多年前，我还替她悲哀，现在，我走了跟她一样的路线。我生了孩子，想工作却没人帮忙带小孩，连出个门的自由都没有了，我比她还要悲哀。

夜深人静的时候，会想到自己年轻时的梦想：去看大海、环游世界、挣很多很多钱、治好妈妈的病、资助贫困学子、把经典著作一一读完……好像那时候的梦想很多，很美好，也近在咫尺，可以一努力就能实现。而今，我终于知道，梦想是多么遥不可及，因为时光会改变一切想法，也会阻滞一切行动。

可是，我心不甘，梦想总像一把未完全熄灭的火花一样，时不时地在心头闪着微弱的光，好像在提醒我，也在叫醒装睡的我。终于，我彻底地清醒了：三十几岁再不追梦，梦想就真的走远了，而自己就真的没有多少机会了。趁自己还不老，一定要抓紧时间行动！

于是，我又重新拾起梦想。当梦想照进现实，觉得心中是那么激动，生活是那么充实，人生是那么美好。我发现自己还如从前一样怀揣许多梦想，如从前一样激情澎湃，如从前一样爱着这个世界。我又做回了自己，我终于明白：什么都可以舍弃，千万别舍弃梦想，因为一旦舍弃，就很难再找得回来。

有的女人，为了爱情，为了家庭，舍弃了梦想，还美其名曰"牺牲""付出"，其实，你知道吗，没人会感动于你的牺牲和付出，更多的人却是把你的牺牲和付出当作理所应当。

一位哲人说过："一个女人可以没有美好的生活，但万万不能没有美好的梦想。"一个没有梦想的女人是可怜的，因为她看不到未来的五彩缤纷，只会一味地抱怨生活的索然无味。没有梦想的女人就像被束缚在暗无天日的囹圄中，没有自由，也没有生命的起伏和波澜。

有的女人说："我年轻的时候有很多梦想，现在都没有了，三十几岁的人了，还谈什么梦想，平平淡淡地过这一生好了。"那么，摩西奶奶在《人生永远没有太晚的开始》中有一句话能激励你再次拥抱梦想："有人说，已经晚了，实际上，现在正是最好的时光。对于一个真正有追求的人来说，生命的每个时期都是年轻的、及时的。"

如果你梦想成为一个高级化妆师，那么你不仅要有娴熟的专业技术，还要有独特的审美观和别具一格的创造性；如果你梦想成为一个作家，那么你不仅要有一定的文字功底，还要有自己思想和见解。如果你迟迟没有被认可而你还想坚持走这条路的话，你就要比常人更勤奋，更具有耐心。

你的任何东西都可能被剥夺，但你的梦想永远不会被剥夺。它融入你的血液，成为你生命的一部分，伴随你的每分每秒，直到生命的终结。所以，梦想是你最忠诚的朋友，你善待它，它就与你一同随行。

CHAPTER 3

一笑而过，也是一种优雅

没有理由不快乐
见过风雨，便无波澜
心态决定你的幸福等级
他不懂你，有什么关系
既然无处可躲，不如面对
既然没有净土，不如静心
看清世事，不悲不喜

没有理由不快乐

32 岁那年，志玲在家带孩子，每天忙得焦头烂额，心情也很忧郁，时常想要逃离这种不快乐的生活。

她怎么会快乐呢？别人家的孩子都有人带，同龄的女人大多都不用像她这样必须在家带孩子，她们不必操心孩子的问题，可以安安心心地上班，而志玲不能，她必须亲力亲为。有几个 30 多岁的女人每天像个老妈子一样待在家里不工作呢！有几个 30 多岁的女人活得这么憋屈，完全失去了自我呢！

而志玲就是这样一个女人，她觉得自己长这么大从未这么劳累，这么辛苦，这么痛苦过，她感到自己简直要疯掉了。

很多女人不快乐，大多是因为觉得自己拥有的太少吧：不够如意的事情、不够体贴的丈夫、不够懂事的孩子、不够顺心的工作、永远不够花的钱……

其实，我们已经拥有了很多，只是我们缺少一颗知足常乐的心。如果你有吃、有穿、有住，你已比世上75%的人富有多了；如果你拥有家人、健康、自由，你就比正在经历战乱、疾病、牢狱的5亿人幸福多了。对你来说习以为常的东西，在别人看来可能非常稀奇；在你眼里一文不值的东西，可能别人觉得非常珍贵。不要总认为拥有的少，而要常想拥有的多，学会知足，才能快乐地生活。

快乐对女人来说是最好的"化妆品"，也是女人不老的"神器"。整天眉头紧锁的女人，脸上的皱纹就比较多，也容易因心情抑郁而得病。要做一个快乐的女人，就要学会控制情绪。懂得控制情绪的女人是智慧的女人，她不会喜怒无常，难以取悦，也不会牢骚满腹，将情绪随意发泄。她犹如一缕春风，不仅让身边的人感到舒适愉悦，甚至将自己的生活也化成了春天。一个快乐的女人，总会用心去发现生活中快乐的点点滴滴。

小芳人长得很胖，家庭条件也不好，35岁了还没钱买房，住着租来的房子，老公在一个小公司做着底层的小职员，领着微薄的薪水。按理说，像她这样的女人应该为身材而烦恼，为钱而烦恼，为房子而烦恼，可她却每天笑呵呵的，似乎从没在意过自己过的是什么日子，也没有攀比过别人的生活。在朋友的眼里，小芳是一个很快乐的女人。她每天都能发现令她开心的事，从没有看到过她不高兴的时候。即使在工作中，面对领导的批评，小芳也懂得冷静地和领导交流，不会因为领导的批评而情绪失落，更不会把自己的坏情绪带回家中。

在家里，小芳是个快乐的妻子、妈妈。她懂得一个女人偶尔闹点小情绪、小别扭，也是无可厚非的，有时候还是婚姻中的"调节剂"，可是一个无休止闹脾气的女人只会让男人抓狂。所以，她时刻注意控制自己的情绪，基本不对家人发火。如果家人做了什么令她不高兴的事，她也是尽力坐下来与家人好好地沟通，或者通过短信、小纸条的方式来交流。有时候碰到实在让她忍无可忍的事，她也从不将自己的坏情绪带给他人，每当此时，她总是会出去走走，散散步，听听音乐。

所以，小芳的家总是笑声不断，而小芳的邻居家却常常吵得鸡飞狗跳，邻居家的大姐是个33岁的美女，住的是自己买的房，老公能干，家里有钱。可她总是不开心，逢人便抱怨自己的命不好，找了个没本事的老公，其实她的老公比小芳的老公挣得多多了。在小芳看来，她是身在福中不知福。

其实，年轻就是快乐的理由，健康就是快乐的理由，爱与被爱就是快乐的理由，三十几岁的女人，在愁眉苦脸的时候，看看那些婚姻破碎、失去亲人、身患疾病的女人们，我们还有什么理由不快乐呢？

生活给了我们每个人同样的快乐，不同的是，有些人感受到了，而有些人却没有。

关于快乐，我们不妨也学学佛家的智慧。佛家对快乐的理解是：追求高尚行为的人总会拥有快乐，而卑劣的人则总是痛苦缠身。所以，佛教主张"平常心是道""戒十恶、行十善""各有因缘不羡人"。要快乐就要做到"放下自私自利，放下名闻利养，放下贪嗔痴慢，快乐自来"。

见过风雨，便无波澜

　　小时候，看到风雨来临，便会兴奋地跑出去，觉得又可以疯玩一场；长大后，再大的风雨也不觉得新奇了，有时静静地看着，有时风雨吹打在身上也不觉得惊喜。见过风雨，便无波澜。生活的风雨见得多了，内心也能平静如水了。并不是我们足够坚强，而是我们的心被生活打磨得足够圆润，才得以拥有心如止水般的平静。

　　阿里是阿拉伯一位著名的作家，有一次，他和吉伯、马沙两位朋友一起旅行。经过一处山谷时，马沙一不小心滑了一下，眼看就要掉下山去，幸好吉伯一把拉住了他，马沙才幸免于难。马沙感激涕零地在旁边的大石头上用力刻下了一句话："某年某月某日，吉伯救了马沙一命。"

又过了几天，三个人走到了海边。因为一件小事，马沙和吉伯争吵了起来，吉伯一气之下打了马沙一个耳光。马沙气愤地跑到沙滩上写下："某年某月某日，吉伯打了马沙一耳光。"

旅行结束之后，阿里很好奇地问马沙，为什么把吉伯救他的事情刻在石头上，而把吉伯打他的事情写在沙滩上？马沙很平静地回答："刻在石头上的字留存的时间久，而写在沙滩上的字水一冲刷就消失了。他救我是值得感动和感恩的事情，自然应该长久记下，而他打我一耳光这样不愉快的事情就应该让它随风而逝，早日忘记。"

别人对你的伤害，你要学会忘记，看淡了，也就没什么了。把仇恨记在心里，也是对自己的惩罚。智者善于忘却不快、伤害、仇恨，愚者却一笔一笔地记得清清楚楚，不肯删除。

其实，如果见过了太多的风风雨雨，就能明白有些事没什么大不了，你完全可以不必在乎，有些事只需一笑了之，就如那句著名的佛语："大肚能容，容天下难容之事，笑口常开，笑天下可笑之人。"

"曾经沧海难为水，除却巫山不是云"，见得多了，也不觉得有什么新奇，内心也就平静了，即使风雨来临，也能泰然处之。人生是个自我修炼的过程，不必用不平的心去看待人和事，作践了自己，辜负了岁月。

回望走过的路，我们也曾跌跌撞撞，深一脚浅一脚地走过大大小小的路，走过荆棘，也走过一个人落泪的街头，如今到了三十几岁的年龄，也算是见过风雨，真的应该庆幸：这些风雨都可以当作今后的资本，充实我们的心智，换来了今天的我们不再幼稚，不再误入歧途，不再惊慌失措。

更重要的是，走过弯路，踏过坎坷，见过风雨，才知什么是最值得珍惜的，什么是最想要的，什么是真心，什么是假意，什么是真爱，什么是敷衍，什么是人情冷暖，什么是世态炎凉。

看过一个娱乐节目，里面有个盲人，30多岁的样子，两只眼睛紧紧地闭着，从出生就没有打开过。他从不曾亲见花开的美丽，但他说他能看得见花开的样子。评委问他怎么看到呢？

他说他用心看。他会谈钢琴，流利得如同正常人，而这背后是他练错几千次才能对一次的苦。看着他一直笑意盈盈，大家都不忍问他眼睛的事，因为大家觉得他的眼睛与一般人并无两样。他平静地弹琴、唱歌，就像一个正常人——或许之前他觉得自己是不一样的，可他不认命，努力地让心变得波澜不惊，现在他已经觉得自己与别人并无区别。我在心里默默地佩服他。

上帝关上窗，又拉上窗帘，风雨来袭，几人可平静如水。只有见过风雨，才能坦然面对、处变不惊。见过风雨的人都知道："没有不下雨的天，也没有不起浪的河，更没有不摔跤的人。"人生的挫折就如天空的阴霾、江河上的风浪一样常见，生活中我们总会遇到各种各样的挫折，内心坚强平静的人懂得：在漫长的人生路途中，挫折并不可怕，只要坚强地应对挫折，你会发现风雨过后道路更宽广。

在英国萨伦港的国家船舶博物馆里停靠着一艘船，这艘船1894年下水，在大西洋曾遭遇138次冰山，116次触礁，53次火灾，207次被风暴扭断桅杆，然而，它从来没有沉没过。

人生犹如在大海上航行，即使遭受了变幻莫测的风雨，依然要平静地面对未来，永远以最坚强的姿态应对人生中的挫折。

三十几岁的女人应做一个云淡风轻的女子，心素如简、人淡如菊。无论经历了什么样的打击和变故，都要用平常心来对待，只有这样才不会被烦恼和痛苦淹没，才能看见快乐和幸福的光芒。

心态决定你的幸福等级

　　小时候，小兰天天穿着别人送的旧衣服，5年没有买过一件新衣。她骑一辆老式的破自行车上下学，车子三天两头坏；她一年到头才吃上一顿肉，平时总是咸菜和馒头。同学有的买小人书、买零食，她从来不买，肚子饿了就忍着。她用垃圾堆里淘出来的作业本、白纸来写字；她每天放学回家都要干家务活、农活，总是熬夜做完作业才睡觉。

　　有一次，小兰狠心买了一条喜欢了好久的丝巾，10元钱，妈妈嫌她乱花钱，竟然卖给了邻居大姐。她没有说什么，只是每次见大姐戴着丝巾，就有点儿不舒服。不过小兰的内心还是充满了幸福——一切只因有爱，她有爱她的母亲，也有充满爱心的老师同学。而且，她没有失去什么，她依然有书读，有屋住，有衣穿，有饭吃。那时候，她觉得有了这些就够了。

30 多年后的今天，她拥有的物质远远多于当年，生活条件好过当时几百倍，但她竟然觉得不开心，更不幸福。特别有了宝宝之后，生活的烦琐之事排山倒海而来，令人措手不及，也渐渐地生出烦恼和郁闷来，幸福无从谈起。她时常怀念小时候，那时候的穷苦和单纯以及极其容易满足的心。

其实，是小兰的要求变多了：孩子再听话一点，丈夫再体贴一点，公婆再明理一点，事业再顺利一点，钱再多一点，压力再小一点，生活再轻松一点，日子再快乐一点……

当我们的心灵无法容下更多的欲望时，就会觉得痛苦，就不再觉得幸福。

其实，幸福与金钱无关，与别墅名车、貂皮裘衣无关，与高官厚禄无关。贫者举家共食一锅粥，你推我让，笑语满堂，其乐融融；富者空对满桌山珍海味，却往往难以下咽，各类烦心的事塞满心头。处高堂者怀寂寥和忧戚；居陋室者时闻窗外梅花而心旷神怡。真正的幸福是心灵的满足，精神的充实。所以，幸福是一种感觉：一件新衣，一包零食，一个微笑，就已经感到了幸福的存在，而一旦欲望提升，即使幸福在身边也难以体察到了。

幸福与心态有关。心态消极的人身处蜜罐也觉得苦；心态积极的人身处苦海也觉得甜。我们的心态决定了我们的人生和命运以及幸福的等级。

女人活的就是心态。生活的压力在 30 多岁的年龄段已经初现端倪：养房子、养孩子，工作一潭死水、前途一片渺茫、家庭的矛盾日渐增多……没有几个女人不觉得三十几岁是难熬的，好像是生命的坎儿一样，谁也逃不掉。这时，心态逐渐显示出它的重要性，女人的幸福等级也在不同的心态中决出胜负。

女人经过岁月的洗礼，到了 30 多岁的年纪，已经变成了一个熟透了的红苹果，虽然香甜可口，但也容易很快衰败，而良好的心态就是让这个"苹果"永远可口的保鲜剂。年轻时，可以悲伤，可以消极，但是到了 30 多岁，如果还让自己处于一种不好的心态中，那么，这样的日子甚至比贫穷更让人绝望。

小蕊大学毕业后就结了婚，买了房，早早地生了孩子，孩子由婆婆带着，自己一直安安稳稳地工作。在他人眼中，小蕊生活富足，家庭和睦，日子过得滋滋润润，很令人羡慕，可她看起来并没有想象中的那么幸福。

她总觉得自己有操不完的心：房子有了，可车子还没着落；手中已有不少存款，可总觉得还是不够花；最近股票又遭熊市，投进去的钱不知还能不能收回来；孩子该上小学了，到哪个学校上让她非常头疼；贷款的利率又涨了，自己每个月又要多还几十元；同学的丈夫有的升了官、发了财，而自己的丈夫还在原地踏步……所以，她每天都开心不起来，为这些事忧心忡忡。事实上，她除了幸福，似乎什么都不缺。

有些女人感到不幸福，是因为与他人的"攀比"引发的不平衡心理。这样一来，她们追求的就不是幸福，而是"和他人一样幸福"，但在这个世界上，"他人的幸福"永无止境，于是这些人就在攀比之中烦恼，嫉妒，焦虑，自然也就幸福不起来。所以，我们常说一个人"鸡蛋里头挑骨头""身在福中不知福"，就是说这个人太不知足了，心态太消极了。

每个人都是赤手空拳地来到这个世界的，有的人幸福，有的人不幸福，都有着各自的原因。每个人的条件不同，得到的也不同，但是我们要学会的是，没有条件，创造条件也要去得到幸福。

总有一天你会知道，你内心真正的幸福，是再多的物质都给不了的，有爱，并被爱，才是我们最终追寻的目标。爱与被爱是幸福的根基，知足是幸福的源泉，宽容是幸福的途径。

其实，幸福的秘诀就是：勇于放下生命中的烦恼，忘掉不愉快。幸福要做到宽心、平和、知足、乐观——用大度去原谅伤害，用泰然去替代慌乱，用平和来面对不公，用客观冷静处事，用宽容真诚的方式待人，用从容优雅的姿态生活。只要拥有金子般的好心态，就能够活出人生的真谛，拥有美好的生活。

他不懂你，有什么关系

都说"女人心海底针"，总觉得过于夸张，女人、男人都是人，为何偏偏说女人的心思难猜？还有一首歌中唱到："女孩的心思男孩你别猜，你猜来猜去也猜不明白，不知道她为什么掉眼泪，也不知道她为什么笑开怀……"

或许是因为女人是感性的，男人是理性的，也或许是因为男人来自火星，女人来自金星。总之，好像上帝选用了完全不同的材质做成了男女的大脑，使得他们的思维相差十万八千里，所以总是有很多男人不懂女人。在女人看来，男人总是笨笨的，需要给他们指明方向才知道如何去做。他们有时惹得女人伤心落泪，大动肝火，还以为女人无理取闹、小题大做，而女人只是希望得到他们的关注、关爱和理解。

所以，三十几岁的女人在经过恋爱的"经验"和"教训"后，就会明白，指望男人懂女人是有一定的难度的。

她觉得他不懂她，一点儿都不懂。结婚十年了，他还是常常误解她。他以为她很物质，希望他挣很多钱；他以为她脾气不好，不知何故就发火；他以为她看不起他，觉得他无能、懦弱；他以为她无理取闹，故意找他的茬。可她不是这样想的，她希望丈夫出人头地，不要满足现状；她希望他多关心她，不要无视她的心情；她任性发火只是一种撒娇的方式，并不是故意找事。她很爱丈夫，但却不能忍受他不懂她。所以他们常常吵架，女人总是说："这么多年，你什么都不懂我，不懂我的话什么意思，不懂我的心在想什么，不懂我希望你怎么做，不懂我想过什么样的日子，你甚至不懂我的牺牲和付出。"

她最不能忍受的是他不懂她是个好女人，为了这个家付出了很多，却得不到理解，得不到认同。其实，她要的就是一个肯定，一句话——"老婆，我知道你不容易……"

但是，男人始终没说，他说自己不会说好听的话，可女人就是不明白：为什么说一句话就这么难？相反，男人不仅不说些好听的，还常常说些气人的，跟她抬杠、狡辩。意思好像是："你付出什么了，我怎么不认为！"这让女人很气愤，气愤了就伤心地哭，而他一句劝慰的话都不会讲。而她多么希望男人能够懂她，疼她，爱她。

可是，男人性格木讷，不会表达，不善沟通，什么话都藏在心里。女人很郁闷，不知道如何跟这样的男人过下去了。

两个人，两颗心，无法取暖。女人真的受不了了，她渴望夫妻是爱人，是亲人，也是朋友，是知己，可现实却不是。她绝望，觉得此生所希冀的理想的婚姻已经破灭了，她找了一个不懂自己的男人，这太可悲了。于是，她泪眼婆娑地说："不要再折磨我了，我们离婚吧！"

于是，女人离了婚。刚开始，日子很清净，再也没人跟她争吵了，再也不用为他不懂她而气愤了，从此，日子是她和孩子的，再也没有那个人来烦扰她的心。时间长了，寂寞就生了出来，夜深人静的时候，她也想找个人说说话；孩子去上学了，她一个人吃饭觉得无滋无味的。一年后，她生病了，孩子小，身边也没个亲人，所以没有一个人去照顾她。她一个人做饭、吃药，眼泪就止不住地掉。想想以前生病时，那个不懂她的男人总是陪着她吃饭、吃药，而现在，他已经不在她的生活里了。

一天，男人突然出现了，女人看见他，并没有多少欢喜。男人说他知道她一到生病的时候就会思念已故的母亲，怕她想不开，加重病情，所以过来看看。女人不说什么，可心里已经觉得温暖了——他还是有点儿懂她的，虽然不太多，可终究还是有的。

后来，他们复婚了，女人说："我以为他不懂我，其实，是他不善言辞，可心里还是有爱的。"男人说："我怎么不懂她呢，她是个好女人，为家付出了很多，只是这些好听的话我就是说不出口。"

女人知道，男人还是不太懂她的，可她还知道，他不是她，怎么可能那么懂。其实，他不懂她，又有什么关系呢，只要他在心里爱着她，就够了。

每个人活在这个世上都是孤独的，所以总希望有个人能懂自己，如此才觉得不孤单。就像俞伯牙和钟子期的情谊，弹一首曲子就能明了对方的心意，女人也希望自己说一句话对方能立马猜透自己的心思，可"春风满面皆朋友，欲觅知音难上难"，婚姻中的两个人若能做成知己，实在是一大幸事。但事实上，大多数夫妻都做不成知己，只能算作亲人而已。所以，明白了这个，他不懂你，也就能释然了。

三十几岁的女人大多已经经历过生活的风雨，知道儿女情长已经不再重要，知道别人的看法也不再重要，那么，一个人懂不懂自己，还有什么关系呢？其实，没人懂，我们就自己去懂自己，自己做自己的知己。这个世界上，最懂我们的不是别人，而是我们自己。所以，不必怪罪别人不懂我们，只要能和睦相处已是福气。

没人懂我们的忧伤，我们就自己疗伤；没人懂我们的心事，我们就自己说给自己听；没人懂我们的快乐，我们就自己给自己唱首歌。我们的心不必让任何一个人懂，"知我者谓我心忧，不知我者谓我何求"，懂你的人，能猜透你每一件心事，不懂你的人会歪曲你的本意，弄得自己心情不悦。与其让自己失落，不如不强求。

既然无处可躲，不如面对

　　30 多岁的女人活在当下这个社会的确是不易的，要面临很多压力，要十八般武艺样样精通，既要上得厅堂，入得闺房，又要下得厨房；既要有脸蛋，还要有头脑；既要懂文化，又要懂技术；既要会语文，又要会算术；既要能喝红酒，还要敢喝白酒；既要教育好孩子，又要经营好婚姻；既要工作，又要顾家；既要负责貌美如花，又要懂得当爹当妈……

　　女人可以是"女神"，但绝对不是"超人"。然而现实中，很多男人往往一结婚就把女人当成了战斗力充足的"超人"，好像娶回家的不是一个需要疼爱的老婆，而是一个应该照顾他乃至他全家的"保姆"，而且更可悲的是，这个"保姆"还没有工资，并且极有可能一干就是一辈子。

如此说来，女人的一生真是无比悲催了，那么，有人能躲开这样的生活吗？不能，恐怕全天下的女人都难逃此"劫"。但是，正是这样悲催的生活才磨炼出一个成熟的女人，使她可以历经岁月沧桑而依旧散发迷人的魅力，也使她拥有了面对生活永不退缩的超强勇气。

罗莉结婚后得了内分泌失调的病，也因此几年都没怀上小孩。在那段日子里，她跑了好多医院，腿都快跑断了，可还是不见成效。慢慢地，她内心开始慌乱，生怕这辈子再也不能生孩子了，以至于她每天都在焦躁不安中度过，看着身边的孕妇，眼里充满羡慕嫉妒恨。

后来罗莉甚至得了失眠症，整夜整夜睡不着，脑子里总在想一些奇奇怪怪的东西。她也不愿见人，不愿跟朋友来往，不愿出门，不愿去人多的地方，不愿见到有孩子的妇女。那段时间，她整天无精打采，对未来似乎已经丧失了信心，对生活也似乎没了希望。她总觉得低人一等，自卑让她觉得失去了原本的自己。

后来，罗莉在医院碰到一个10年不孕，看了无数医生，吃了无数药，用了无数方法都没有怀上孩子的女人，那时她已经38岁。10年，人生有几个10年，而她的时间大部分都用在了求子之路上。可惜，老天一直没能给她一个自己的孩子。她们当时在走廊里闲谈了几句，这个女人始终都笑着，好像从来没有伤心过。她说："如果真不能生了，那就抱养一个，反正总会有希望的。"那一刻，罗莉觉得无地自容，为自己的懦弱感到羞愧。是啊，面对同样的问题，有人能做到坦然面对，而她只是一直在害怕，害怕未来。但这有用吗？

人生有很多东西是躲不掉，逃不开的，与其痛苦地逃避，不如大胆地面对。逃避不一定躲得过，面对不一定最难过。有时候，觉得面对是一种痛苦，但却是最好的方法。

之后，每每罗莉在一次次去求医的路上感到沮丧，想要放弃的时候，就想起那个大姐的话，"反正总会有希望的"。是啊，老天不会绝情得不给自己留一点儿活路，上帝在关上一个门的时候，必然会给你留一扇窗。她学着去调节自己的内心，走出大门去寻找生活的乐趣，到大自然中寻找生命的活力，当她看到春天的晨辉中，那一个个可爱的小动物沐浴着温暖的阳光时，她仿佛看到了上帝的手在轻轻地抚摸天下众生。世界这么美，人世这么长，如果不能好好地体会一把酸甜苦辣，那还有什么意思可言。

于是，她勇敢地走出家门，去找昔日的好友一起玩耍，再也不去想那些烦心的事。慢慢地，她的心情好多了，神经不那么紧张了，晚上也不失眠了，更神奇的是，当她去医院复查时，竟然发现怀孕了。

后来，她问医生："以前我一直积极地看病吃药，却迟迟不怀孕，而当我停止了看病吃药，却怀孕了。这到底怎么回事呢？"医生说："其实，怀孕这事是需要好多条件综合起来才能达成的，不是说双方身体健康就一定能怀孕，更重要的还要心理健康，心情乐观，因为内分泌与怀孕息息相关。你后来不再看病，说明你对不孕已经不那么在乎了，思想上放松了有利于身体的恢复，而且你学会了散心，让心情愉悦，这对怀孕是十分有利的。"

好多事情就是这么神奇，当你苦苦求索时，偏偏就是得不到，而当你一旦放下了，却有可能柳暗花明。所谓的好心态就是如此。人生不要落荒而逃，没有人可以在逃避中开拓出一条属于自己的路，所谓"慌不择路"，人在逃避的时候，往往就是下一个错误的开始。

所以，遇到一个难题时，一定要勇敢地迎上去，哪怕这难题如"喜马拉雅山"一样高大难以攀越，也要仰起头，抓起一根绳子绑在身上，一步步地向上爬。因为，如果你一直站在山下，将永远没有机会登上顶峰。向上爬，虽然有摔下去的危险，但不爬，却没有一点机会到达终点。

既然没有净土，不如静心

在现代社会里，三十几岁的女人不仅要承担起照顾家庭、教育子女的责任，而且还要兼顾工作、事业，身心的劳累让她们无法喘息，所以，很多女人一过了 30 岁，便开始浮躁焦虑起来，烦恼、压力、懊悔、空虚、失落、绝望、抑郁等负面的情绪扑面而来，令她们的心灵无法宁静。

孙悦事业如日中天时，经纪人突然离世。当时，孙悦的所有唱片、照片、宣传资料等都在这个经纪人的公司里，而经纪人的家人封锁了公司，所有的财产都不属于孙悦。这样，奋斗 6 年的心血就付之东流。孙悦的生活受到了很大影响。而后她抑郁过度，导致声音沙哑，险些失声，这对一个靠唱歌为生的歌手来说是残酷的。

而此时，外界关于她的一些谣言却不断，但她选择了沉默与忍受。在这段安静的时间里，她静下心写了一本书《飞悦时光》，在书里，她澄清了媒体的舆论，而后，她声音恢复了，又重新站在了舞台。虽然遭受事业的低谷，但孙悦没有被打倒，在这片没有净土的娱乐圈，她以静心换真心，终于换来了新生的机会。

这个世界其实是个残酷与温柔、邪恶与美好、肮脏与纯净并存的"丛林"，我们要穿越这片没有净土的"丛林"，就要保持宁静的心，才能不沾染邪恶的世俗。

静心要学会放下浮躁之心，沉着冷静地处理遇到的急事和坏事。

世界著名男高音歌唱家帕瓦罗蒂经常外出演出。有一次，他住进了一家旅馆，晚上睡觉时隔壁的婴儿一直不停地哭闹，让他实在难以入睡，想到明天的演出他更是愤怒。一气之下，他准备将服务员叫来换房间，但突然大脑灵光闪现：婴儿的哭声与自己的歌唱不正是很相似吗？他仔细分析了一下，发现婴儿虽然连续哭了一个小时，但声音依然比较嘹亮，没有丝毫沙哑的迹象。他感到自己似乎能从婴儿的哭喊声中学习到一些东西，于是决定躺在床上倾听婴儿的哭声。就这样，帕瓦罗蒂边倾听边琢磨，等到天亮时，他终于从婴儿时断时续的啼哭中悟出了发声的技巧。

心静了，世界也就清净了。我们常说"心静自然凉"也就是这个道理。不管这个世界多么嘈杂，只要心保持一份清静，那么就能在自己的世界里怡然自得。很多人看到这个纷繁复杂的世界无法宁静，心烦意乱，更多的是因为没有达到心静的境界。

大多数人常常为听到噪音而烦躁，而帕瓦罗蒂不但没有将婴儿的哭声认为是噪音，还从中学到了发声的技巧。看，这就是心态的不同，心静的人总能时刻保持一份平和安宁的心态，即使在不好的事情中也能发现好的一面。

佛曰：净心守志，可会至道，譬如磨镜，垢去明存，断欲无求，当得宿命。人生在世如身处荆棘之中，心不动，人不妄动，不动则不伤；如心动则人妄动，伤其身痛其骨，于是体会到世间诸般痛苦。相由心生，世间万物皆是化相，心不动，万物皆不动，心不变，万物皆不变。

静心要放下欲望。佛门有言："心安处，得自在。"其实，与其说是外在事物让我们焦虑不安，倒不如说是我们内心的执着太多、欲望太多，而难以让心灵保持一个安宁平和的状态。苏轼在《定风波》中这样写道：

万里归来年愈少，

微笑，

笑时犹带岭梅香。

试问岭南应不好？

却道：此心安处是吾乡。

只要放下不合理的期望水准，实实在在地生活，求得心安，那么人生到处是故乡。

静心要学会放下攀比之心，如此，才能不羡慕他人的繁华，只享受自己的清静。"闲云潭影日悠悠，物换星移几度秋"只要有心，处处都是宁静之地。抛却世间的纷纷扰扰、喧嚣躁动、名缰利锁，给心灵注入一泓淡泊之清泉，你就会发现，宁静快乐的世界并非是遥不可及的。

三十几岁的女人有太多的身不由己，太多的无可奈何，"树欲静而风不止"，要守住一隅宁静的心灵是非常不易的！可是如果我们能真正做到让自己身心合一，用一颗淡泊的心去面对世间的得失荣辱，亦可以给自己的心灵涂抹上一层宁静的底色。不去过分地计较今日之成败，也不要刻意地去追名逐利，以出世之人的心境，过入世之人的生活。

静心要学会放下担忧。在这个竞争愈演愈烈的时代，三十几岁的女人都会有这样那样的担忧：担心孩子学习不好，担心家里钱不够花，担心日子过不好，担心健康出问题，担心工作中遭到他人的排挤，担心不再年轻，跟不上时代的步伐。

李文今年 35 岁了，是一家外企的人事部总经理，最近，公司新招了一批毕业生，看着他们那充满活力的背影，李文的心很不安。她担心那些新进的年轻人超过自己，甚至取而代之。为此，她每天都处于如履薄冰般的紧张心情中。工作时心不在焉；开会时会觉得领导在含沙射影地批评自己；有员工小声讨论事情，她会觉得是在议论自己。为此，愈是担心，她愈是不安。以致最后严重地影响了工作，领导不得不找她单独谈话。

生活犹如一只"竹篓"，有时我们之所以会感到身负重载、举步维艰，是因为我们将里面放入了过多莫须有的忧愁。假若我们能够静心，就会感觉这个"竹篓"其实也没那么沉重。

看清世事，不悲不喜

有时候，我们抓住一件事、一个人死死地不放，可能这件事在我们的心里非常重要，令我们刻骨铭心；可能这个人曾深深地伤了我们的心，带给我们莫大的委屈和伤痛。有时候，我们为一件事、一个人兴奋异常，到头来得意忘形，却发现只是空欢喜一场而已，一切都还是原来的样子。

其实，你看重的人可能把你看得很轻，你觉得很重要的事，可能轻如鸿毛。有些事，看清了也就看轻了，有些人，看透了也就无所谓了。人，活得太明白就会心累，只有让自己懂得世事不过如此，才能不悲不喜。正所谓，没心没肺，活得不累。

文慧曾对婆婆不帮忙带小孩耿耿于怀，也因此一度影响了自己和丈夫的心情，更给婚姻蒙上阴影。于是，在劳累和烦恼的时候，她不止一次地向丈夫抱怨婆婆的行为是如何的自私和冷漠，这个时候，丈夫总是默不作声，听多了就跟她吵。她很生气，觉得他怎么能容忍自己的母亲如此地不近人情。后来，不吵架的时候，他告诉她："她既然那么让你生气，你又何必一次次地提她呢？少提她不就少生气了吗？干吗让她影响你的心情呢？"

文慧想：她对我来说，虽是亲人，但跟丈夫和孩子比起来，还是远了一些。她远不及丈夫和孩子重要，而现在我却让她影响到了一家人的心情甚至感情，这样的话，我就把她看得太重了。其实，她可能此刻正在家里轻松自在地聊天或看电视呢！根本不会想起我和我的一家人，更不会想到我们一家人几近崩溃的生活状况。而我却傻傻地整天把她挂在嘴边，让她"出现在"我们一家人的生活里，我真是愚蠢至极！

其实，刚开始是文慧看得不透，想得不开。三十几岁的她，还是幼稚得很，不能看清世事，做到让自己不悲不喜。在丈夫开导后她才明白，对于化不开的恩怨纠葛，我们可能会生某些人的气，想起他们的言行就不能容忍，其实，在想起他们的那一刻，我们已经输给了他们。因为，我们为了一些不重要的人去生气，是一件不值得的事。如果明白别人并非多么看重我们，就知道了，为某些不值得的人去悲去喜是多么的傻气。

女人们活到了三十几岁的时候，虽然经过了一些大大小小的事，但大多还是无法做到以平常心处事，有时候会喜悦、兴奋、开心，有时候会恼怒、伤心、痛苦。其实，我们要知道，世事无常，我们应该以一颗平常心去对待，而不是让外物左右我们的心境。

有这样一个禅学故事：

一个方丈养了一盆花，有一天，方丈外出，吩咐小和尚照顾花。可是等方丈回来，花死了。小和尚静静地等待方丈的批评。可是方丈却说："算了，我养花不是为了生气的。"

"我养花不是为了生气的"如果我们在生活中碰到一些不愉快的事时，能想到这句话，就会坦然很多。当孩子不听话的时候，可以说：我养孩子不是为了生气的！当出去旅游遇上了不好的天气时，可以说：我出来旅游不是为了生气的！当和家人因意见不合而吵架时，可以说：我过日子不是为了生气的！

得失随缘，心无增减。在日常生活中，因为我们太在意得失，所以我们的情绪常受外界事物的影响，而做不到"不以物喜，不以己悲"。

"不以物喜，不以己悲"的人生态度可以扫去世事的喧嚣与浮躁，掸掉心中的焦虑与抑郁，抹平人性的张扬与傲慢。这是一种脚踏实地的平和，它丰盈而不肤浅，恬淡而不聒噪，理性而不盲从。这能够让我们在物欲横流的纷扰红尘中世事洞明、拂落繁华、回归真淳与质朴，达到"落花无言，心素如简"的境界。

李嘉诚先生说过："好景时，决不过分乐观；不好时，也不过分悲观"，就是要保持一种良好的心态和情绪。凡事都不能强求，要顺应时局的变化，一切皆处之泰然，得意之时要淡然，失意之时要超然。永远怀着一颗平常心，这样我们的身心才会平和，身体也才会安康。

"不以物喜，不以己悲"是一种处事的态度，它不是消极无为，而是阅尽沧桑后的醒悟，心胸如镜般明净的坦然；它也不是孤芳自赏、自我拘囿，而是一种淡定与从容的睿智。我们常说："拿得起，放得下"，就是这样一种处变不惊的心态，如此就可将大悲大喜、名利宠辱皆当作过眼烟云了。

有了喜事不欢呼雀跃，有了悲痛不伤心绝望。"得而不喜失而不忧"。时刻保持平和的心态，我们的人生才会变得更加美好。

人的一辈子就是个过程，女人们要学会享受这个过程，而不要太在乎结果。"荣华花间露，富贵草上霜"，再美好的东西都是过眼云烟，那么，还有什么可患得患失呢？不悲不喜，才是人生最该有的态度。

人生有两种至高的境界，一种是痛而不言，一种是笑而不语。

三十几岁的女人左右不了外部的世界，但可以把握住自己的心境，让自己处于繁杂的世界而能不悲不喜，如此，也就拥有了一个美丽而安宁的精神世界。

给自己的
生活化个淡妆

- 其实，你可以再「媚」一点儿
- 做一个萌妹子也挺好
- 气质比华服更迷人
- 个性，但别「各色」
- 记得给你的他撒个娇
- 偶尔做点「不一般」的事
- 别忘了你做小女生时的爱好

其实，你可以再"媚"一点儿

　　刘晓庆出演的《武则天》，让人真正领略了什么叫女人的媚，她把武则天的媚演绎得淋漓尽致，丝丝入扣，使得武则天真不愧为"武媚娘"这个称号。在剧中，她穿着华丽的服饰，化着淡淡的素妆，一双媚眼时而含笑，时而含羞，时而含恼，时而含情。这样的媚态怎能不让男人心动呢？

　　正因为武则天的明媚娇艳，楚楚动人，才有了唐太宗的宠爱，也才有了她此后辉煌的一生。"媚"是女人的一张"王牌"，在女人的地位非常低下的古代，媚就成了女人博得男人宠爱甚至获取生存权利的"武器"，所以，武则天才能从一个毫不起眼的女孩逐渐"升级"成一国之君。除了靠自己的心智之外，她靠的还有自己美丽的外表和妩媚的女人味。

有媚态，才有魅力。现代社会，女人不需要靠这个"王牌"来刻意博得宠爱或生存，但若有了这个"王牌"，岂不更给自己增添巨大的魅力和幸福的砝码？

好多女人都觉得，30 多岁了还耍媚，实在有点儿"作"，总以为那是小女生才做的事。而且生活压力那么大，早已化成了"女汉子"，哪里还有心情去讨好别人！

首先，媚不是讨好别人的伎俩，而是获得别人喜爱的方法。媚不是虚情假意、矫揉造作，而是放下"女汉子"的强硬和霸道、无趣和呆板，让自己适度地多点温柔、体贴与可爱。

其次，生活压力大不是女人不媚的理由，正因为生活压力大，精神或紧张或空虚，才需要来点温柔的媚态来"软化"生硬的生活，来装点呆板的日子，这就像给自己的生活化了一个"淡妆"，媚就是那白里透红的一抹"红"，既美了别人的眼睛和心灵，也舒缓了自己紧锁的心头。

如此，即使是耍媚，不也是很有趣吗？如此，耍媚的女人则更是风情万种，百般可爱的。

只是，媚不是那么轻易就能"耍"得好的，它需要三十几岁的女人淡化年龄的概念，放下惯有的矜持，最好能想起 20 几岁时在学校里背一个书包，轻轻地走在落叶满地的校园时的场景。那时的你穿一件白色的衬衣，一件碎花的蓝色裙子，踩着不高不低的粉色凉鞋，怀里抱着一本书，婀娜娉婷，长发被风轻轻地扬起。一个男孩子从远处走来，那正是你暗恋多日的心上人，此刻的你心跳得咚咚响，但还是故作镇静，不慌不忙地抬头，微微一笑，就这样擦肩而过。谁也没有说一句话，在你心中，此刻你的妩媚就是给他最好的话语。如果他能读懂，他会记在心里。

"最是那一低头的温柔，像一朵水莲花不胜凉风的娇羞……"妩媚的女人总是让人想到纯净的水莲花，没有娇艳欲滴的大红大紫，也没有雍容华贵的流光溢彩，只有淡淡的温柔、淡淡的清香、淡淡的美、淡淡的媚……

媚，不是妖媚，也不是狐媚，更不是谄媚，而是妩媚。这妩媚中有不可缺少的美丽，有那么点柔弱，那么点娇羞，还有那么点可爱，那么点性感。而这性感并不是露胳膊露大腿，烈焰红唇的那种，而是有一点儿风情，一点儿妖娆。这妩媚不是搔首弄姿的造作，而是一举一动都是自然的，给人美感的。

大街上有些女人，特别是二三十岁的女人，穿着低腰裤、超短裙、丝袜、高跟鞋，走路扭腰扭臀，走过去一阵浓浓的香气袭来，脸上却毫无表情。如果不见她们口里嚼着口香糖，电话里时而骂着脏字，真觉得这样的女子就是人间尤物了，可她们的举止、神态完全破坏了人们心中的感觉。那不是媚，顶多算得上妖媚，没有一点儿美感，只有厌恶。相反，有些女人，看起来三十几岁的样子，虽穿着一般，但举止大方，仪态万千，言语之间总透着一股恰到好处的聪明和温柔，谦虚低调，让人舒服，所以这样的女子才是真正的媚。她没有放电的媚眼，却有着淡淡的温柔、甜甜的笑……

《粉红女郎》中的"万人迷"堪称现代妩媚女人的极品，她有一双弯弯的媚眼，时常含情地笑，碰到喜欢的男人就妩媚地"放电"。她的笑容里也藏着百般的媚，笑起来甜甜的、媚媚的。她有曲线玲珑的身姿，甜蜜俊俏的脸蛋，她聪明灵巧，美艳动人，所以她的追求者众多，连女人都围着她转。这样一个妩媚可爱的女人，现实中的女人们，有几人可以模仿得了呢？又有几人能像她一样迷倒一大片呢？

妩媚是女人的一种举止神态，妩媚的女人可能话语不多，但她那静静的神态常常带着一种祥和的美，或低头浅浅的一笑，或嘴角轻轻的一扬，或双眼迷离的一个注视，都带着无尽的韵味和风情。妩媚是一种风韵，它让三十几岁的女人风情万种，而不显得矫情；它让三十几岁的女人增添女人味，而不显得呆板。

三十几岁的女人懂得"媚"一点，不仅可以让自己的美丽长久延续，反而会倍增自己日臻香醇的女人味，散发出与众不同的魅力，让男人觉得矜持又性感，婉约又妖娆。

做一个萌妹子也挺好

张爱玲说："有两种女人很可爱，一种是妈妈型的，很体贴，很会照顾人，会把男人照顾得非常周到。和这样的女人在一起，会感觉到强烈的被爱。还有一种是妹妹型的。很胆小，很害羞，非常依赖男人，和这样的女人在一起，会激发自己男人的个性的显现。比如打老鼠扛重物什么的。会常常想到去保护自己的小女人。还有一种女人既不知道关心体贴人，又从不向男人低头示弱，这样的女人最让男人无可奈何。"

不知道三十几岁的女人会选择做哪一种女人？我们大多数女人都在不知不觉间做了第一种女人，在我们的周围，即使婚前多么胆小害羞、依赖人或不顾家的女人，婚后都变得很顾家，很会照顾人，把家打理得井井有条，内外都收拾得妥妥当当。男人则下班回家坐在沙发看电视、玩手机，女人从不支使他做事，因为她觉得他做不好，还不如自己做，所以她总是亲力亲为。这样的女人绝对是合格的贤妻良母。只是这样的局面会一直持续下去，也可能是一辈子，所以，女人会累弯了腰，忙得没了自己，而男人则养尊处优，像个大老爷，久了会闲出臭毛病，甚至闲出"第三者"。

说到底，这都是女人惯的，谁让她那么能干呢！男人的能力无处施展，只好去找个比他更笨的女人去彰显"男人本色"了。当然，也有好男人，一辈子对女人又当妻又当妈地付出感激不尽，守着她，忠于她。

而只有一少部分女人依然保持着自己一贯的作风：很多事靠男人去做，自己不知道怎么做，也做不好；不知道体贴男人，常常由男人来体贴她，照顾她，甚至有了孩子后，男人照顾孩子比她照顾得还要好。

我见过一个朋友，孩子饿了，她老公赶紧去冲奶粉、喂奶，孩子尿了，她老公赶紧去洗尿布、晾晒。她则站在一边，什么也不做。我觉得好奇，她则淡淡一笑说："他嫌我做得不好，那只好他去做了。"从她轻松无所谓的表情，我已经猜出，她平时肯定连饭也做不了几顿的，估计是男人做好了，端到跟前才动筷子的。遇到自己不想做的事，一句话："我不知道怎么做哦，你做好不好？"就搞定了，男人呢，一开始挺受用，女人娇滴滴地向自己求救，哪有不照办的理，于是屁颠屁颠地干得热火朝天。可能时间长了才发现女人的伎俩，"哼，估计装的吧，才不信她什么都不会做呢！"可说归说，回头女人娇滴滴的可爱样子一出现，还是禁不住去照办。时间久了，就成了习惯，男人也就认命了，索性一做到底了。

看，这就是两种女人不同的命运，一种是任劳任怨的"贤妻良母型""春蚕到死丝方尽"，一种是装傻充愣的"可爱妹子型"，让男人甘愿为她赴汤蹈火，在所不辞。

如果你是男人，喜欢哪一种女人？相信大多数男人还是喜欢做个征服女人的男人的，即使他笨得要死，什么都做不好，还是希望自己的女人奉他为英雄，所以，大多数男人应该喜欢的是第二种女人吧。当然，如果能二者兼之，估计最是理想了。

可现实中真的有这种二者兼之的女人吗？三十几岁的女人是无望了，她们整天被生活重担压得喘不过气来，哪里有力气来装嫩扮萌，她们认为这是小女生才要的伎俩，三十几岁，马上进入中年妇女行列，怎么可能萌得起来。

只是，不知你想过没有，有时萌萌的也挺好，偶尔可爱俏皮，偶尔捣乱耍坏，却也不伤大雅；偶尔装嫩扮酷，却也不失风情。

只是不要太过就好，过了就成了幼稚，变得可笑。

萌，最早起源于日本，后来形成一种"萌"文化，出现一些萌女郎，她们把自己打扮得跟小女生一样，可爱俏皮，摆出固定模式拍照，嘟着嘴睁大眼睛，另外不惜偷梁换柱地PS眼睛、脸型等。

男人装萌叫变态，女人装萌叫可爱。只是，萌不是那么轻易就能扮得好的，它需要三十几岁的女人淡化年龄的概念，放下惯有的矜持，捡起曾有的童心，忘掉所有的不快，学会微笑，学会可爱。

萌妹子懂得适度收敛锋芒，懂得示弱。偶尔装一次路痴，扮一回电脑小白，这样的萌点已经足够。不过，该认真的时候也要认真，该"二"的时候就"二"，虽然你不是高冷的女神，但仍可以做一个集"萌妹子""女汉子"于一身的女人。不能做蠢女人，萌呆的"二姑娘"才是王道！犯二并不等于犯傻，"二"的女人活得随心所欲，有时疯疯癫癫，有时大胆犀利，偶尔还耍蠢卖萌，可偏偏特别招人喜欢！所以，外表可爱而内心强大是一种智慧，这种女人在深得男人喜爱的同时，还能好好享受自己"女王"的待遇——耍点萌，就可以省却许多力气，得到许多快乐，这也是爱自己的一种方式。

气质比华服更迷人

靓丽的青春，娇嫩的容颜，玲珑的身姿，三十几岁的女人或许已经不再拥有，但身上却有一种更迷人的东西令人沉醉，那就是成熟的气质。这份气质如同美酒佳酿，愈久愈香。气质可以让三十几岁的女人更有韵味，因为这气质中有着成熟的元素，那是岁月积淀后散发的沉香。有气质的女人不一定漂亮，但身上绝对有一种属于自己的味道。毕竟，天生丽质的女人只是少数，而后天的气质却是可以塑造和培养的。

什么是气质？气质是指人相对稳定的个性特征、风格以及气度。气质所表现的是一个人内在的人格魅力。比如修养、品德、举止行为、待人接物、说话的感觉等，所表现的有灵秀、妩媚、优雅、高贵、恬静、不拘小节、温文尔雅、豪放大气等。

现实生活中，我们常常看到有些三十几岁的女人虽然没有身着华丽的服装，但看上去却非常有气质，而有些虽然穿着时尚、华丽，却丝毫让人感觉不到一点儿气质。这是为什么呢？

因为外表的美虽给人强烈的视觉冲击，但它只是暂时的，如果没有一定的气质相托，这样的女人就会显得非常肤浅。随着时间的流逝，一个女人即便是拥有再美的容颜也会迎来花落的时刻，但是气质是永恒的，它不会随着时间的流逝而消失。相反，女人的气质会在岁月中不断沉淀，不断变得深厚。毕竟，女人的美丽不仅仅是纯粹意义上的美，它还包括智慧、涵养、自信、淡定和优雅……美丽是一种整体的生命状态，是魅力的积累和沉淀。

气质需要用深厚的底蕴和丰富的知识去慢慢积累和沉淀，它不是一朝一夕就可得到的，它学不来，看不会，必须靠自己在岁月的打磨中慢慢去修炼，然后经过时间的沉淀，身上就会呈现出一种独特的品质。

多读书可以培养气质，"腹有诗书气自华"，一个没读过几本书，不懂"四大名著"，没看过《简·爱》《围城》《平凡的世界》，不知道李清照、张爱玲、罗曼·罗兰、托尔斯泰是谁的人，如何懂得人类的精神世界？又如何知道女人该如何度过这一生才算得上精彩？所以，一个只知道穿衣打扮却不读书的女人，即使把自己装扮得美如天仙，也无法做到谈吐优雅、气质如兰，否则她一开口就会立马显现出她的肤浅。

大才子徐志摩曾对林徽因如痴如醉，早前没有看到林徽因的照片时，我想象她只不过是一个平凡的女子，但见了照片，我才终于明白了为何徐志摩对她如此痴迷，因为她身上有一种女人身上少有的男子的英气，也有一种睿智与才华折射出的非凡气质，那是一种知性的美，感觉她就如一株兰花，静静地绽放着美丽和优雅。

她才华横溢，被胡适誉为"中国第一代才女"，年轻时曾游历数个国家，并选修了多个学校的课程，见识广大，知识广博。她是中国著名的建筑师、诗人、作家。在建筑领域她做出了巨大的贡献：曾参与国徽、天安门、人民英雄纪念碑的设计；她才思敏捷，文学造诣非凡，著有多部诗作、散文、小说；她思维活跃，谈吐不凡，气质如兰……

高尔基曾说："学问改变气质。"一个有文化、有内涵的女人，谈吐不俗，仪态大方，无论走到哪里都是一道靓丽的风景。这里的知识，不仅仅指书本上的知识，还包括生存的本领，以及适应家庭、工作、社会变化的能力。一个女人，在拥有了丰富的知识之后，就会变得非常优秀，因为知识陶冶了她的情操，让她变得温文尔雅，善解人意，自然也就变得有内涵了。所以，三十几岁的女人要多读书，以陶冶自己的情操，让自己有一种知性美。

知性的女人身上有着一种淡雅的气质，她们感性却不张扬，理智却不呆板，典雅却不孤傲，内敛而又不失风趣。比如，我们熟知的娱乐圈中的刘若英、张艾嘉、蔡琴等人。她们在众多的女明星中算不上有多漂亮，但她们有着同样的特征，那就是有才情，谦逊，低调，温和，真实。一如她们的歌声，在岁月的沉淀中，显得愈发有味道。

再比如三毛和张爱玲，她们都不是倾国倾城的绝色佳丽，但她们都有一种知性美，也有一种绝对的气质。她们用文字将她们的美和传奇的一生别致地表现出来，她们的举手投足都流露出修养、智慧和善良。谁敢否认她们的气质呢？

气质是一种智慧，它可以一点一点地雕琢一个女人，使其在举手投足间散发出独特的品味；气质是一种魅力，它可以让女人由平凡变得独特，哪怕是在千千万万的人群当中也会显得与众不同，让人难以忘怀；气质是一种素养，在滚滚红尘中，它可以让女人变得清爽、静美、迷人；气质是一种品质，拥有这种品质的女人会更有能力来把握自己的命运，把握自己的人生。

30岁，对于一些女人来说是迷茫的，萌发了青春易逝的感慨、萌生了美丽不再的惆怅。这时候有些人却绽放成幽兰，清新脱俗，清香四溢；有些人则绽放成牡丹，雍容华贵，端庄典雅……30 岁，即便我们不再那般年轻，可是只要你愿意，谁又能阻挡我们魅力的绽放呢？

　　三十几岁的女人可以没有漂亮的容颜、健美的身姿、华丽的服饰，但一定要有自己独特的气质，这气质比华服更迷人，更能彰显女人的魅力。

个性，但别"各色"

　　保持自己的个性和风格，做自己就是最好。作为一个三十几岁的女人，没必要模仿别人或者附和别人的喜好来决定自己的方向，不然，这个人就失去了作为个体的人的色彩，完全成了别人的翻版。

　　对于男人来说，骨子里都喜欢有个性的女子。乖乖女也许一时能让男人喜欢，但时间长了就会觉得索然无味。乖乖女对什么都没有异议，从不说"不"，顺从、懂事、善解人意，但男人总觉得这类女人缺少点什么，那就是无法说清的个性的味道。而有个性的女人不会规规矩矩地被传统观念束缚，她们敢于解放自己的思想，去追求自己想要的东西；她们不随波逐流，而是敢于发出自己的声音。

香奈儿是叛逆而倔强的女强人，在男人称霸的服装界，她树起了女性设计师的不朽丰碑与顶级品牌。她敢爱敢恨，有勇有谋，不怕世俗的眼光，敢于打破常规。为了引起她的伯乐和收留者、赐予她"Coco"的名字的富有贵族鲍森的注意，她决定学习骑马，但是当时女人的衣服不适合骑马，于是她就把马厩小男孩的衣服和马裤改动后穿在了自己身上，戴上男孩式的礼帽出入于上层舞会，一度博人眼球，也获得了鲍森的好感，于是，鲍森将生活在社会底层的 Coco 带入自己的府邸，为 Coco 进入上流社会奠定了基础。

罗曼·罗兰说过一句话："有才华的女人可以吸引男人，善良的女人可以鼓励男人，美丽的女人可以迷惑男人，有心计的女人可以累死男人。其实有个性的女人才会致命地吸引男人。"

个性是女人独有的品味和气质，个性让女人散发迷人的魅力，即使一个长相一般的女人，若有个性，也会让人深深迷恋。

20 世纪，有个女人随手翻看了一本美国的《国家地理》杂志，就被上面撒哈拉沙漠的美丽深深地吸引了，于是毅然决然地奔赴撒哈拉，并定居在了那里。这个女人就是当年已经 30 岁的作家三毛。

从台湾到撒哈拉，隔着千山万水，要抛下熟悉的人，熟悉的物，熟悉的一切一切，开始一段未知的旅程，这对任何人都是一个不小的挑战，我想即使是一个男儿也并非能有此种潇洒与魄力，但三毛是个奇女子，她敢于想常人之不敢想，行常人之不所行，她不愿被世俗所牵绊，她是一个自由得令人无法不羡慕的女人，一生都在做着自己喜欢的事情，那么潇洒，那么快乐。

这样的个性造就了一个非凡的女作家。沙漠时期的生活，激发了她潜藏的写作才华且创造了一种三毛文化，即流浪文化。她的作品自然朴实，处处都是"我"，充满了独特的个性的色彩，吸引了大批的读者。

三毛是个随性的女子，她的装扮也是那么个性，不是长发翩翩，就是两根麻花辫。三毛看待所有的事物都是那么独特，一片荒凉空白的大沙漠，她能品味出别样的美；在别人丢弃的垃圾中，她能拣出宝贝来；一些女人一生都不敢去想象的东西，她敢去想，并都坚持不懈地大胆追求着；连爱情观都是那么独特，"如果不喜欢，哪怕是百万富翁，也不会去嫁；如果喜欢，哪怕是千万富翁也会去嫁"。

作家贾平凹对三毛这样评价道："三毛不是美女，一个高挑着身子，披着长发，携了书和笔漫游世界的形象，年轻的坚强而又孤独的三毛对于大陆年轻人的魅力，任何局外人作任何想象来估价都是不过分的。许多年里，到处逢人说三毛，我就是那其中的读者，艺术靠征服而存在，我企羡着三毛这位真正的作家。"

既不追随典范，也不奢求自己成为谁的典范，只为自己而活，这才是真正的个性。你可以做一个大气爽朗、热烈奔放的女人，也可以做一个忧郁哀愁、孤芳自赏的女人；你可以做一个秀外慧中、宁静淡然的女人，更可以做一个神采飞扬、风情万种的女人。你有权利以自己的方式活着。

有个性是件好事，但要把握好度，千万不要各色。有的女人认为高傲冷漠、蛮不讲理、虚荣自私就是个性，那就大错特错了。如果一个女人摒弃了上帝赋予的温柔、善良等美好的特性，这样不仅不会打造出个性、有魅力的自己，相反会让人觉得虚伪、做作、甚至成了东施效颦。这样的女人估计没多少人会喜欢的。

记得给你的他撒个娇

　　有一个电影叫《撒娇的女人最好命》。撒娇就能好命？在多数人的观念里，女人要正正经经，动静皆宜，娇滴滴地对着男人嬉皮笑脸，这让人会觉得有点贱贱的感觉。

　　小孩子撒娇，大人会觉得很正常，大人撒娇，往往会让人觉得做作。其实，这只是一个度和方式的问题。不然，为什么有很多男人喜欢撒娇的女人呢？会撒娇，且撒得适度，是一件好事。撒娇，撒好了是娇，撒不好是作。所以，区分好撒娇和撒泼，就会令你爱的男人对你做出不一样的回应。

　　有的人说，我现在都 30 多岁了，也不是小姑娘了，那些肉麻的话怎么说出口呢？别撒娇不成，反招致男人的讨厌。的确，不经常撒娇的女人如果突然给老公来个温柔袭击，还真是会让对方无所适从，但是，尽管他们可能一时接受不了这种转变，但内心还是很欢喜的。

看，男人就是这样，他们骨子里有一种天生的大男子主义，这是与生俱来的雄性本能，如果一个男人没有一点儿男人的本色，估计是没有多少女人喜欢的。但是，这却是一把"双刃剑"，大男子主义的男人常常让女人觉得不讲情理，缺乏热情，不懂得怜香惜玉。如果这样想，那就大错特错了，其实，男人对女人有着天生的保护欲，常常希望女人把他们当成无所不能的英雄去崇拜，去赞美，而不希望女人比他们还冷漠，还高傲。他们只是喜欢女人换一种表达方式去沟通，不喜欢正面的冲突，喜欢让女人以更有女人味的方式与自己相处。所以，女人们啊，抓住了男人的这种心理，就应该聪明地从侧面去"搞定"他们。比如用撒娇的方式去俘获他们的心、去要求或阻止他们做一件事，这样既能达到自己的目的，还能迎合男人的心理。

在电影《撒娇的女人最好命》里，女主人公是个不折不扣的"女汉子"，却遭遇撒娇高手横刀夺爱，为了爱情，她放下身段，学习撒娇技能，对男友展开撒娇攻势，终于让男友回心转意。看，男人就是吃撒娇这一套，"女汉子"没几个男人会真正喜欢，只会来硬的，对男人是起不到作用的。撒娇可以令男人的心瞬间软化，收起倔强和高傲、成见和不满，转而对女人心生爱怜，哪怕让他上刀山下火海也在所不辞。

在当下的娱乐圈中，不乏一些美女、才女，但会撒娇的女人却不多，而林志玲可以算上一个。提起林美人，不得不想起她发嗲的娃娃音，直让人听得浑身发麻，如痴如醉。所以，林美人是众多男人心中的女神，她是温柔、美丽、性感的可爱女人，她的撒娇本领无人能及。

无论在任何场合，林志玲说话时从来都是轻声细语，温温柔柔，刚开始会让人不适应，但时间长了就明白她不是故意为之，而是从小嗓音就是这样嗲，所以，很多人相当喜欢她的嗲。

林志玲曾说："有人让你撒娇是件幸福的事，温柔是一种很好的力量。"林志玲的粉丝多得数不清，也成为娱乐圈不老的"常青树"。

所以说，撒娇其实是一个"撒手锏"，聪明的女人如果懂得时不时地拿出这个"撒手锏"来，肯定可以让男人唯你马首是瞻。

撒娇也是一味"调味剂"，女人撒一分娇，生活就多一分情趣，爱情就像放了蜜糖一样甜。撒娇不仅使女人更可爱，而且还可以化解生活中的矛盾，避免无谓的争吵。可见撒娇的女人不仅能给彼此增添无穷的乐趣，还可以使双方的感情进一步深化。

女人不一定要多么漂亮、多么能干、多么聪明，但一定要掌握一点儿撒娇的艺术。30 多岁了，已经不再是小姑娘，心态应该成熟一点，更应该懂得适度地服软。吵架了，一句"亲爱的，你抱抱我吧"可以和好如初；冷战了，一句"我那么漂亮，你怎么舍得不理我呢"也能恢复热恋。生活中，一个会撒娇的女人，能让恋人之间的关系更和睦。

撒娇不是撒泼，千万要掌握好度。30 多岁的女人大多已进入婚姻的殿堂，此时不能再恃宠而骄，要知道男人的耐心是有限度的，他们大多会在把女人娶回家门后放松婚前那根紧绷的爱情神经。这时，女人就要学会适度地收敛自己的性情，不再无事生非、无理取闹，动辄一哭二闹三上吊，这样会让男人越来越厌烦。其实渴望被呵护永远是女人的天性，每个女人都希望被男人当成宝贝宠着，只是女人不懂得男人的累，认为男人天生就要包容自己，一旦哪天有所忽略，便开始闹小脾气，甚至撒野、撒泼。

其实，过了 30 岁，男人的压力逐日递增，这时候他们已经不懂得如何去哄一个女人了，更多的是面对女人的埋怨和纠缠时心烦郁闷。其实，男人不懂女人撒泼是希望他们来哄，相反，他们只会认为你不够温柔，不够体贴，面对一个整天发脾气的女人，男人只有一个想法，那就是逃离。

　　说白了，撒娇是一门艺术，沟通的艺术，相爱的艺术。这艺术中有包容，有体贴，有温柔，有风度，有女人味。

偶尔做点"不一般"的事

每天奔波在上班的路上，你是否疲倦了？每天奋斗在看不见硝烟的职场，你是否厌倦了？每天拼搏在人情冷暖世态炎凉的社会，你是否心累了？每天忙碌在鸡毛蒜皮的家务事中，你是否烦透了？每天吃那几样饭菜，你是否早已没有胃口了？每天穿那几件衣服，你是否早就觉得没意思了？每天面对同一些人，做同一些事，你是否早就想逃了？

你是否想要偶尔跟平时不一样，做点"不一般"的事？如果让你说出内心真实的想法，我想百分之百的女人都会回答："是的，我早就厌烦了现在的生活，很想做点不同寻常的事情，来刺激一下麻木的神经。"

张爱玲说："做人做了个女人，就得做个规矩的女人，规矩的女人偶尔放肆一点儿，便有寻常的坏女人梦想不到的好处可得。"三十几岁的女人要偶尔放肆一点儿，坏一点儿才更有味道，才更会让人觉得有趣味。男人会觉得这样的女人不死板，有情调，调皮又可爱，所以男人会很喜欢这样的女人。不过，这里说的"放肆""坏"并不是真的肆无忌惮地做起坏女人，而是在基调是好女人的基础上，偶尔来那么几次坏坏的感觉，做一点儿"不一般"的事。

如果让你想象一个三十几岁的女人该做点什么"不一般"的事，你会怎么回答呢？

张小娴说要做这样的女子："面若桃花、心深似海、冷暖自知、真诚善良、触觉敏锐、情感丰富、坚忍独立、缱绻决绝。坚持读书、写字、听歌、旅行、上网、摄影，有时唱歌、跳舞、打扫、烹饪、约会、狂欢。"

这里面有没有你觉得"不一般"的事呢？看起来都是再正常不过的事，就像一个居家过日子的家庭妇女一样，偶尔来那么几次聚会、狂欢，也是可以理解的。而读书、写字、听歌、旅行、上网、摄影，甚至唱歌、跳舞、打扫、烹饪更是稀松平常的事，没什么稀奇。但除此之外，我们又能做什么呢？

我们不可能做太过刺激的事，比如独自一人穿越撒哈拉，又或者自驾游去西藏，去新疆，甚至去非洲原始森林体验丛林生活，这些于大多数女人来说是从不敢想象的，因为我们是女人，要考虑安全因素，所以这些就是实实在在的冒险。那么，去做一些"不一般"的事吧，这样也不显得太过离谱，而且更现实一些。

去做一些你从来没做或很少做的事吧，比如去剧院看一场戏曲，感受一下中国戏曲文化的博大精深；去看一场喜欢的明星的演唱会，体验一下追星的感觉；去坐一次蹦极，体验一次速度与激情的惊险；去参观一场画展、去听一场音乐会、去海边听一次海浪的声音、去独自一人开车到无人的狂野；去老家的田野上撒撒欢……

或者，如果厌烦了当下的生活，那就偶尔玩次"失踪"吧。关掉手机，让自己消失半天。找个安静的地方读几本书，去看几场电影，或者只是在街上随便走走。还可以去博物馆、美术馆流连几个小时，也可以去美容店、按摩店消磨半天的时光，要不就去吃惦记了很久的美食。总之，把半天的时间全部留给自己，不让任何不情愿的事情打扰。当然，如果你放心不下孩子，就提前把孩子安顿好，相信这个世界不会因为你消失了半天而有所改变。这就是所谓的"偷得浮生半日闲"。

或者，去学项技能吧，画画、布艺、陶艺、古筝、舞蹈、游泳……

这些也是减压的好办法。再或者，去健健身吧，瑜伽是个不错的项目，尤其对三十几岁的女人来说更是非常合适。健美操也不错，可以让体型比较优美。在运动中，我们也能找回属于自己的美和自信。

其实，独自 K 歌也是个比较"不一般"的事，大多数人都是找一大帮人去 KTV 唱歌，很少有一个人去的。不过，一个人更能放得开，就当成个练歌的好时机。唱歌能够减压，这早已被医学和心理学研究证明了。当人处于紧张、焦虑、身心疲惫时，会产生负面情绪。而喜欢的歌曲能促使感情得以宣泄，情绪得以抒发，促进血液循环和新陈代谢，从而消除郁闷情绪，产生愉快的情绪体验。

很多事千万别说没时间，三十几岁也是一眨眼的事，别错过了太多的风景，空留遗憾。偶尔做点"不一般"的事吧。

别忘了你做小女生时的爱好

做小女生时，美心很爱打扮，虽然穿着普通不精致，但丝毫不减爱美之心。去逛街，碰到喜欢的衣服、饰品就走不动，买各种化妆品，买各式各样的发卡、丝巾、手链……只要是漂亮的，就想拥有，然后就会立即满足了小小的虚荣心。

美心爱旅游，先从公园游起，后来去一些门票便宜的景点。虽然风景慢慢地淡忘了，可旅游中的一些人和事她还会在多年后记起，觉得那也是一种美好的风景。

美心爱唱歌，买了录音机，很多磁带，趴在被窝跟着录音机学唱，偶尔在好朋友面前唱几首显摆显摆，听到他们的夸赞，内心就觉得受用得很。

美心爱养花，小时候常在放学后提一壶水去房顶浇花，看一房顶的花开得艳丽心里就觉得骄傲。后来长大了美心买了很多花花草草，种得哪里都是，每天再忙也会去浇水，花开了，欣喜，花死了，心疼。美心把它们视为有生命的朋友，它们离去时也会哀伤。

美心爱小猫小狗，爱养小动物。小时候美心家里养着一只大花猫，曾把她的肚子抓得鲜血淋漓，可她依然喂它好吃的，把它抱在怀里亲。美心家还养过一只大黄狗，每次放学时都在村口准时等着她回家。长大后，美心见了小猫小狗总是想抱回家去养。有孩子之前，美心一度寂寞得很，于是从老家抱来一只刚出生的小狗，养了一年，怀孕后无暇顾及它，就送走了。

在美心有了孩子后，所有的爱好都一夜之间消失了，她必须把它们从生活中赶走，没办法，美心整天连睡觉的时间都没有，哪里还有时间去管什么爱好，管什么闲情雅致。她忙得没有时间去打扮，有时洗脸都是草草了事，更没时间去照一下镜子。化妆品都落满了灰尘，偶尔想起用时发现已经过期。美心逐渐把花草冷落了，不再浇水、施肥，随它们自己去长，她连自己都顾不了了，哪里还能顾得了它们，一盆盆的花枯萎了，被丢弃在楼道。美心再也想不起来去哪里旅游，总以为没有时间，仿佛连想一下的资格都没了，整天都是家里、小区、菜市场三点一线；美心早年买了音响设备、电子琴，现在都快放坏了，也没有想起来去唱一首歌；美心看到小猫小狗还是喜欢，可再也没有了养的念头，她连自己的孩子都养活得那么吃力，怎么还有工夫去伺候它们呢！

有一年的春天，美心看到朋友圈中的朋友们都在晒旅游照：公园的樱花、野外的桃花、田地的油菜花，姹紫嫣红、争奇斗艳。她死水一样的心瞬间激起层层涟漪，久久无法平静。一朵朵漂亮的花勾起了她遥远的记忆，让她蠢蠢欲动。"不行，我一定要出去看看。"于是，她带上孩子，和老公一起出发了。在外面游玩了一天，美心心里真是充实得很，看着满树的繁花，嫩绿的柳芽，觉得这世界多美好，生活多甜蜜。美心想起了海子的诗：

从明天起，做一个幸福的人

喂马，劈柴，周游世界

……

我只愿面朝大海，春暖花开

回来后，美心的心情开朗了很多，明亮了很多。接着她把几乎快要旱死的花草一盆盆地放到太阳底下，浇水、修剪，慢慢地花草也旺盛起来；她又把许久不用的化妆品拿出来，化一个淡淡的彩妆，精神满面地出门，她发现自己虽已三十几岁，依然可以重新美丽；她又把电子琴、音响设备找出来，练习唱歌，虽自娱自乐，也能有一份快乐的心情。

现在的我们总觉得慢慢在远离年轻时的喜好，忙碌的生活淹没了年少的心情，偶尔想起，面对繁重的现实，只能在心底轻轻地喟叹。是自己脱离了原来的轨道，还是生活让我们的心变得不再年轻，让我们只能在无尽枯燥乏味的日子里，渐渐忘却了那曾有的感动和美好。

只是，不管如何，三十几岁的女人还不老，还可以重拾小女生时的爱好，给忙碌的生活增添一点儿趣味。别说没时间，没心情，有些事一旦想起就应立即去做并要坚持下去。生活的趣味需要我们去发现、去寻找，不要让自己淹没在欲望的滚滚红尘中，偶尔记起做小女生时的爱好，并着手去做，往往也能发现自己并未老去，我们会发现生活原来如此多彩，人生原来如此幸福。

人未老，心不老。爱生活，三十几岁的女人就不会老。当你重温那些美好的过往时，常常能记起某个时间点某些令你无法忘却的人或事，这些人或事或许早已模糊不清，但记起时总能给自己的心增添一些感动。如果你记得那些爱好，曾令你喜欢的事，你就会觉得自己年轻了很多。

受伤了，也别哭泣

生活怎么会容易呢

保持一分体面，没有什么值得你彻夜痛哭

所谓的感同身受都是骗人的

每一次受伤，都是一种成长

没人安慰，就自我安慰

再深的绝望也有结束的时候

接受遍体鳞伤的自己

生活怎么会容易呢

生容易，活容易，而生活却不容易。对于30多岁的女人来说，排除那些锦衣玉食、吃香喝辣的女同胞们，其余大多的姐妹们此时的生活是复杂的、不易的。对于年龄，30多岁的女人开始彷徨；对于婚姻，30多岁的女人开始失去激情；对于老人，30多岁的女人要开始承担起赡养的义务；对于孩子，30多岁的女人更是要有耐心和精力去温柔对待；对于工作，30多岁的女人开始遭遇"瓶颈期"，长期的激情消磨殆尽，下一步何去何从还是未知。

在这样一个"上有老下有小，夹在中间受不了"的年龄段，女人们感受到生活的不易正一点点地侵袭而来。要买房、供房贷，要养孩子、供孩子上学，要操心全家人的吃喝拉撒、要做家务，要拼命工作……事情越来越多，时间越来越少，白发越来越多，装扮越来越少，压力越来越大，轻松越来越少。有时候忙得连看场电影、看本书的时间都没有，每天都在盘算着如何挣钱、应付家里家外大大小小的事，全然没有了个人的空间。

而那些没有结婚的单身女性，虽然少了很多家庭的烦琐之事，每天一个人看似很轻松，无牵无挂，其实却一样有许多苦恼和不如意，比如家里的催婚、旁人不解的眼光，看到身边的同龄人纷纷做新娘、做妈妈，而自己却孤身一人的无奈心情，特别是那种对不起父母的愧疚之心，让她们更加痛苦。还有便是苦苦寻觅，终究找不到对眼的郎君，凑合又不是自己的个性，但那种渴望爱情的心愿却又始终不能泯灭，于是，便会常常在矛盾中挣扎不能自已。随着时间一点点的流逝，在一次次的失望中，也就逐渐失去了对爱情和婚姻的渴望，变得看破红尘似的，不尴不尬。

生活向来对女人都是不易的。做女人难，生孩子、带孩子的女人更难，30 多岁生孩子、带孩子的女人尤其难。

在这一点上，万小芳是深有体会的。她生了小孩之后，生活一下子乱了。婆婆是农村的，不习惯来城市生活，更重要的是她和婆婆的性格截然相反，两个人总是会有小摩擦。于是，婆婆在帮她带了一段孩子之后就再也不来了。这样，万小芳不得不放弃打拼了几年的事业，回家当一个全职妈妈——事业再重要，在她的眼里，也不及孩子重要。或许是她还不够成熟，很长一段时间里，她整天闷闷不乐，想起婆婆不帮忙，她就又气又恼。特别是在孩子闹腾的时候，她就愈加地恼恨她。这种情绪无处发泄，她就禁不住打骂孩子，那时，她觉得自己已经疯了，到了无法忍受的地步。

晚上老公下班回到家，她还禁不住对他发脾气，他不理解她，也不会哄她劝她，却是跟她对着吵。万小芳已经记不清有多少次他们吵起架来连孩子也不顾了，就连孩子没满月的时候他们都能吵得天翻地覆。他们从屋里吵到楼下，扔下孩子一个人躺在床上哇哇大哭，等她回来，发现孩子哭得眼睛都肿了，嗓子也快哭哑了。当时见到孩子的这个模样，她的心里有种说不出的痛。她的内心充满了绝望与愤恨，好多次都想一死了之。其实，她不是真的想死，只是无法忍受这样的生活，却又无力摆脱这样的日子。

而与万小芳同龄的好朋友们活得也并不轻松，每个人都多多少少有些不易：阿敏可爱乖巧，却碰到一个火爆脾气的老公，自从有了孩子，俩人天天吵吵闹闹；阿红能干要强，却无奈婆婆还是对她挑三拣四，每天与婆婆相处不易；阿宁天生丽质，却不会生育，每天为怀上孩子绞尽脑汁；阿会知书达理，却遭遇一个不明事理的婆家，整天为一点儿小事不开心；阿丽漂亮大方，却做了别人的小三，30多岁了还不为个人终身大事着想；阿霞温柔可人，结婚了 20 年的男人却要和她离婚，即将开启一段单身旅程……

你有你的烦，我有我的难。人人都有无声的泪，人人都有难言的苦，忘不了的昨天，忙不完的今天，想不到的明天，走不完的人生，过不完的坎坷，看不透的人心，放不下的牵挂，经历不完的酸甜苦辣，这就是人生，就是生活。

生活不可能像你想象得那么好，但也不会像你想象得那么糟，我们的脆弱和坚强都会超乎我们自己的想象。有时，我们脆弱得一句话就可以泪流满面，有时，我们又会发现自己咬着牙走了很长的路。生活哪会那么容易呢！苦乐参半才叫生活。让我们勇敢接受生活的不易吧，生活就是这个样子。

保持一分体面，没有什么值得你彻夜痛哭

　　小华是个坚强的女子，我见她痛哭似乎只在小时候她的母亲去世时，自此，再没见她哭得那么伤心，那么久。直到 20 多岁的时候，她遇到一个男孩，在一起总是不开心，常常惹她整夜整夜地哭泣，而他也不会劝她一句。他不劝，她哭得更伤心。就这样，常常一哭就是一夜。哭累了，一抬头，发现他竟然睡着了。事后，她觉得自己轻贱，为一个不懂爱自己、疼自己、看到自己哭也无动于衷的男人哭泣很不值得。

　　就连她的父亲知道后也这样说："可能我死了也不见得你能哭成这样吧！"现在想起来，她的父亲是觉得自己的女儿太轻贱，为女儿如此作践自己而不忍直视。想想也是，哪个父亲看到孩子哭成这样而不痛心。

之后，小华还是爱哭，但都不再哭那么久了。因为眼泪只配流给懂自己的人，对着不爱自己的男人哭泣，是一件很失败很丢面子的事。为了自己的尊严，她说她不想让谁看见她的眼泪。

所以，有时候伤心了，也要学会将眼泪忍回去，从此懂得女人要保持一份体面——这体面不是华丽的外衣、豪华的装饰、富足的生活，而是内心的尊严。

不要让谁看见你的眼泪，没人会痛惜你，只会觉得无聊或可笑，黑夜可以遮掩你的眼泪和软弱，但却无法遮掩你的尊严。如果为了保全自尊，而在黑夜哭泣，也请关起门来自己一个人。

我想，每一个在黑夜哭泣的女人都有自己无法言说的苦楚，都有不愿让人知晓的挣扎，所有的屈辱、悲痛、无奈、恐惧、妥协都在眼泪中得以短暂的释放，然后带着泪痕睡着在即将黎明的黑夜，等到天亮了，睁开酸疼哭肿的双眼，还要故作坚强地面对生活。

爱哭的女人总归让人觉得弱小，不能用懦弱来形容，那是因为上天赋予了女人哭的权利。如果一个男人动辄哭泣，是会让人瞧不起的，而女人则不同了，女人哭一个晚上也没人笑话她。但三十几岁的女人像个小女孩一样号啕大哭或嘤嘤地哭泣，总让人觉得有些不忍直视，仿佛三十几岁了就该坚强地挺着，掉眼泪就是软弱的表现。所以，三十几岁的女人会在黑夜的掩盖下偷偷地哭，哭过之后再偷偷地擦干眼泪，装作没事一样。其实她们的内心也会气自己过于懦弱：怎么可以哭呢？特别是当着别人的面，多丢人啊！

所以，如果一个三十几岁的女人彻夜痛哭，那一定是有她特别伤心的事，或心痛到要死，或无奈到绝望，或压抑到极点。但是，无论如何要知道，保持一份体面，没有什么值得你彻夜痛哭。

不要轻易掉眼泪，不要轻易流露悲伤，不要轻易暴露自己的软弱，自己的苦只有自己知道，别奢望你的眼泪谁会帮你擦，也别渴求你的眼泪谁会心疼，更别傻傻地盼望你的痛苦谁来安慰。

再深的伤，只有自己知晓；再痛的心，只有自己最懂；再难的路，还要自己去走。人的一生要经历很多事，无不需要我们一个人去完成，无不夹杂着种种不如意，甚至痛彻心扉，伤心欲绝。尽管如此，我们还要尽力保持着自己的体面，到无人之处偷偷地舔舐伤口，用隐忍来好好地包扎，再挣扎着站起来去迎接更多的风雨。一切只因为三十几岁的女人要学会坚强地面对人生。哭不代表软弱，但却无法武装我们的心，更无法装点我们的尊严；不哭不代表坚强，但可以试着学会隐忍，将牙打到肚里咽，把一切委屈不快都吞下，才能增强我们的信心，撑大我们的格局。

你生气，说明你不够大度；你郁闷，说明你不够豁达；你焦虑，是因为你不够从容；你悲伤，是因为你不够坚强；你惆怅，是因为你不够阳光；你嫉妒，是因为你不够优秀……凡此种种，每一种烦恼的本源都在自己这里。所以，不必哭泣，我们必须改过自己，才能拥有一颗坚强的心，去应对生活的种种不如意。我们要懂得生活原本是场甜美的苦役，没有谁一生甘甜，也没有谁一生悲苦；没有谁会安慰得了谁，也没有谁能替谁忍受心里的苦。所以，没必要把什么都看得那么重，也没必要为任何人和事去彻夜痛哭。

格局大了，体面就会幻化成笑容，绽放在你曾经泪水涟涟的脸上。坚强的人并不是不会哭泣，没有悲伤，而是他们能够在哭过之后，伤过之后，擦干眼泪，坚强地站起来，继续走向未知的生活中去。

所谓的感同身受都是骗人的

英国的一个电视节目设置了一个模拟分娩阵痛的环节，有两名男子自愿体验，但仅过了两个小时，他们就不得不哀求工作人员关掉模拟设备："这太可怕了，我怀疑我会疼死过去。"

女人生孩子究竟有多痛？科学家说，把疼痛分为 10 个等级，0 到 3 为轻度，达到 4 就会影响睡眠，4 到 6 为中度，达到 7 会无法入睡，7 以上为重度，10 为剧痛。而女性分娩时的疼痛就是 10 级。而且怀孕时，女人要挺十个月大球一样的肚子，这个肚子的重量也非常人可以承受，子宫会长大 180 倍，重量达到 20 倍。关键身体太不方便，不能跑，不能跳，到最后临产时动一下都艰难，子宫坠涨得快要爆了。这些都是没经历过怀孕生产的人无法感受到的。

"世界上没有所谓的感同身受，因为痛不在你身上，你便不会了解。"在节目中男明星模仿女人生产时的疼痛感时，有位主持人当场这样说。这句话很对，再怎么模仿也是无法感同身受的，因为那没发生在自己身上，所以便不必有任何担心——担心受罪，担心疼痛，担心危险。所以，一些媒体搞这样的娱乐节目实在是多此一举，女人生产时的疼痛感是可以模拟的，但男人永远不能感同身受。

与人聊天时，有些人可能会这样回应你讲的关于自身的悲惨故事："哦，我理解你的心情、我懂你的心思、我明白你的不易……"

然而，他们真的理解吗？懂吗？明白吗？当你流着泪哭诉自己的遭遇时，当你火冒三丈地表达自己的气愤时，别人可能只是当成一个故事在听而已，除了自己的至亲至爱，谁会真的为你心痛、心疼、解忧并出谋划策？即使是至亲至爱，也无法真切地明白你的痛，你的苦，你的一切喜怒哀乐。只是从亲密的关系上来说，他们觉得应该去维护你，关心你，但没有任何一个人能够真真切切地体会你的情感，因为感同身受从来都是骗人的。

哪怕你遍体鳞伤，或者心在滴血，或者濒临死亡，都是你一个人的事，都很少有人可以替你承担一丝一毫。也许此刻你在伤心流泪，痛彻心扉，而别人却在思考如何度过一个愉快的周末。

这世界从来都是冷暖自知，你要知道，所有的安慰都是隔靴搔痒，所有的开导都是纸上谈兵，不管任何事，你能依靠的都只有自己。

她是个35岁的全职妈妈，自从有了第一个孩子，她就放下了经营多年的事业。她把孩子照顾得很好，家也打理得很好，唯一不好的是，她与丈夫的感情。身心的压力让她觉得如一个人在负重前行，每天都在忍受着身心的煎熬，丈夫每天出门在外，从不过问她的生活，连出差时也没有一个慰问的电话。她知道他们已经不再有爱了，他们的感情被生活磨光了。

孩子正是调皮的时候，她每天都被折磨得无比劳累，因此也落下病来。她身心烦躁时就动手打老大。她也不想打，每次打了都难过得掉泪。可这样的日子真的如同炼狱一般难熬，她觉得自己要疯了。

她跟丈夫诉苦，丈夫总是默不作声，要么就一句话："我也没办法！"他的意思是他没能力劝说别人过来帮忙，只能任她一个人承受这痛苦了。有时，他也会说："我知道你不好过，我理解你的苦！"她不想再听下去了，她的痛苦他不懂，他所说的感同身受是骗人的，如果他知道她的心都要死了，他怎么可能无动于衷？他没有体会过这种滋味，怎么会知道她无法言说的痛苦！

为了保持一个完整的家，她忍了。直到第二个孩子出生，她都一直过着这种日子。她依旧痛苦，依旧觉得生不如死，但她从不跟他讲，因为她知道她的痛苦他不能感知，她的煎熬他不会替她承受，她的绝望他也不会为她消解。他好像一个局外人，把家里的事当成她自己的。于是，她独自承受着生活的苦难，同时也在慢慢地对婚姻死心。

《大话西游》中紫霞为了弄清至尊宝爱不爱她，就钻到他的心里去看，现实中我们无法去看一个人的内心，所以便不能准确地知道一个人的感受。我们有相同的身体构造，但却无法做到相互感知对方的心。所谓冷暖自知，自己的喜怒哀乐只有自己最清楚，每一个细腻的感觉、情绪都是第二个人所无法同样地感知到的。所以，三十几岁的女人要学会坚强，学会承受，学会隐藏自己的喜怒哀乐，隐藏悲伤——你的伤没人与你感同身受。

每一次受伤，都是一种成长

　　三十几岁的女人要承受更多生活的艰辛，自然会受很多伤，这些伤来自社会——这个不公平的社会会给女人出一道道的难题，每一道难题都是一个坎儿，如果不够勇敢，不够坚强，那么，女人就极有可能跨不过这些坎儿，栽倒在生活的沟里。

　　还有些伤来自家庭——家里鸡毛蒜皮的小事、家人之间的矛盾纠葛、夫妻感情的不牢固、父母的不理解等，这些都可能让三十几岁的女人很受伤。

　　还有些伤来自自己——心里的一些坎儿过不去，一些事情想不开，一些情绪无处发泄，就会经常感到受伤，这是心灵的伤。

　　女人活着不容易，30多岁的女人活着就更不容易。30多岁，已经告别了单纯的年纪，不能给自己找任何懦弱的理由，要学着接受生活的风风雨雨，要学习所有从未经历的事，要学着应付一切难以应付的事，所以，受伤总是难免的。

有人说，女人的成长，总归伴着疼痛。没有受过伤的不叫女人，而是女孩。所以，请不要把受过的伤想得那么不忍直视，要把伤看成一次成长的机会，一次化茧成蝶的契机。

好朋友小玲嫁到很远的地方，虽然家境不错，但公婆对她太过刁蛮，不仅不给她办婚礼，还逼她和自己丈夫分手，并打掉腹中的胎儿。小玲极力坚持，被逼无奈之下，远去他乡，一边打工，一边养活自己，后来生下了孩子。直到孩子半岁，公婆才将他们接回家，但从此也开始了苦难的生涯。

公婆一家把她当成一个全职保姆，每天都有干不完的活儿，而老公却天天窝在家里，不去工作。在这样的日子下，她只好去公婆家开的家具厂帮忙，而在这时，她发现自己又怀孕了。本来她不想要，但在公婆的逼迫下，她又生了二胎。

谁知，孩子还没一岁，老公就因年轻时犯的罪被逮捕了。而刚开始，她的公婆并没有实话实说，而是瞒着她很长时间。与此同时，她在家里受尽委屈，要做全部的家务，每天到十一二点才能干完，一天三顿饭要她做，还要带孩子、哺乳、做孩子的辅食，并负责接送女儿上下学。最令她生气的是，她做这么多事他们并不领情，反而认为理所当然。并且公婆总是挑毛病，认为她做得不够好。他们要求凡事做到完美：洗锅连锅外的底部也要洗，不能用洗洁精，要每天保持地面一尘不染，墙角也要干净，衣服要洗得不见一点污渍。

一次，小玲在被公公骂时还了嘴，公公就打了她，至此，她终于彻底醒悟，老公不在身边，公婆如此刁蛮，对待她如同仆人，毫无亲情。她觉得失去了自我，在过去的几年里，她没有工作，没有事业，在他们家还落得如此下场，内心的凄凉如同冰霜雨雪。

于是，她坚定了信心，一定要走出家门，去工作，找回属于自己的东西。然后她去了上海，在一家工厂做流水线工人，同时练习写作，给杂志社投稿。两年后，当她带着挣的15万块钱，自信满满地回到婆家时，她发现家人对她客气了很多，然而，她已经决定不再做这个家的成员了，她找到了另外的归属——在上海，她碰到了一个单身男人，男人对她很好，两个人都有好感，但为了孩子，她不想轻易开启另一场婚姻。然而，她最终还是勇敢地放下了世俗，跟昨日的苦难告别，开启了一段幸福的新人生。

受伤多了，就学会了乖巧，学会了磨平棱角，学会了人情世故，学会了不再单纯得像个傻瓜，学会了保护自己才是上策，于是，这种受伤就变成了成长，每一次受伤都是一种成长，每一种创伤都是一种成熟。

年轻时，很多人都受过爱情的伤，等到时过境迁，就会觉得有些幼稚，再轰轰烈烈也不过如此。所以，伊能静说："我建议大家在年轻的时候，恋爱应该谈多一点，不要那么痴，不要那么傻。真的就是像购物一样，不要疯狂、冲动购物，得'货比三家'，要比价钱，要比感受。因为如果你从来没有选择过，怎么能知道谁是最适合你的，你想要的是什么。"

没人安慰，就自我安慰

有个朋友跟我讲过这样一件事：过年的时候，他刚刚一岁的小儿子把一个瓷坛子打坏了，他对着站在旁边的妻子脱口而出一句话：哎呀，你怎么不看好他？你看他把这个坛子都打坏了。没想到妻子不紧不慢地说：不要说坏了，要说碎了，碎碎平安嘛！我立即觉得她说得有道理，就自我安慰几句："坏了就坏了吧，反正这个东西也不常用。"如果放在平时，我会多少有些心疼，不过这次，我竟一点儿也没有心疼的感觉。

这都是小事，不值得生气、难过。可对于那些大事，又怎能做到不伤感、不动怒、不心痛呢？

对于有些过往的事——无法弥补的缺憾、错过的人和事、受过的伤害，我们常常会纠结着无法放手，在心里给自己画地为牢，使心情困在其中，无法自拔。其实，与其纠结过往，不如自我安慰：我们无法穿越到从前，过去的就让它们过去吧，谁没有犯过错，谁没有做过蠢事，谁没有不堪回首的过往！

对于正在面临的事——烦恼、压力、悲伤，无法承受的痛苦，受到的伤害，我们也常常深陷其中，无法自拔，其实，我们可以自我安慰：走过黑夜，前面就是黎明，再多坚持一下就好了……

对于即将发生的事——恐惧、担忧、彷徨、迷茫，我们完全不必为没有发生的事惊慌失措，这时，我们可以自我安慰：别怕，说不定到时候事情会往好处发展呢！

人生不如意者十之八九，如果能学会自我安慰，则可减少许多烦恼、痛苦。烦了就告诉自己出门散散心，伤了就告诉自己别太难过，难过了就告诉自己受伤是难免的，遇到坎坷了就告诉自己雨过就会天晴。

如果你把伤口向别人袒露，别人有可能不以为然，有可能一笑了之，有可能在心里偷偷地嘲笑你，有可能会在心里说："啊，原来你过得这么惨，我比你幸福多了。"你不但没有得到别人的同情和安慰，相反，别人却从你那里得到了比较得来的幸福感。你用自己的伤痛建筑了别人的幸福和快乐，你说自己傻不傻？

所以，三十几岁的女人，不要再矫情地夸张你的情绪，因为没有人会安慰你的情绪，只有人会在意你的矫情。三十几岁的女人也不要傻傻地从他人那里寻求安慰，这个世界谁都活得很累，没人会在意你的喜怒哀乐，那么，何不自我安慰呢？

心里的伤口总能被岁月慢慢抚平，阴云总能被时间慢慢冲散，烦恼总能被日子悄悄淡忘，那么，又何必四处寻找慰藉？不是所有的委屈、失意都有人能懂，那么不如自己安慰自己好了。

紧张快速的生活节奏，激烈竞争的职场拼搏，呆板单调的生活模式，无不令身处其中的我们为之烦恼：工作、孩子、家庭、事业……三十几岁的女人几乎每天都在面临着生活的压力和烦恼。狄更斯说："莫把烦恼放心上，白了少年头，莫把烦恼放心上，免得未老先丧生。"但是如何才能不把这些烦恼放心上，有位哲人则针对这一问题给出了答案："最简便的方法就是自我安慰。"

当我们感到疲惫、生活失意时，我们可以告诉自己明天会更好，这种方式可以暂时缓解内心的压力，减少一些烦恼；当我们思维闭塞、走入死胡同时，我们可以强令自己去做些感兴趣的事，思路也会随之打开，这种方式也就达到了转移注意力的效果；当我们生活受挫、一蹶不振时，我们可以回忆曾经的辉煌以达到心理平衡，这种方式可以减轻自卑的烦恼，也会令我们不至于太难过。

当受到他人的非议或伤害时，要这样安慰自己：你人再好，也不是所有人都喜欢；你再优秀，也有人认为你一文不值，你再漂亮，也有人会说你丑。生活就是这样，山有山的高度，水有水的深度，每个人都有自己的长处，你没必要去攀比；风有风的自由，云有云的温柔，每个人都有自己的个性，你不必去模仿。

自我安慰可以缓解我们内心的压力，转移注意力，保持心理平衡，减轻烦恼，排解坏情绪。我个人总结的自我安慰的方法有三种：

第一，自言自语安慰法。吃亏上当时，不妨对自己说："吃亏是福"；生活失意时，不妨对自己说："塞翁失马，焉知非福"；觉得生活困苦时，不妨用阿Q的话对自己说："先前我比现在阔多了"，或者对自己说："我以后肯定比现在好"……这种种自言自语的方式能够调节我们的心态，让我们保持心理平衡。

第二，相信未来安慰法。当为失去一些东西，或者没有得到的东西而烦恼时，要相信：未来一定能够得到。因为相信，我们就不会再纠结于此；因为相信，我们就会为了这些信念去拼搏。

第三，"酸葡萄"式安慰法。当我们竭尽全力追求一些东西却仍然没有得到时，不妨故意说它不好，这种看似消极的做法，却对情绪调节、平衡心态有着积极的意义。生活中，可能有这样一些人，他们爱一个人，想要讨取别人的欢心，可是无论怎么做却还是不能赢得别人的心，于是就很烦恼。其实这个时候，他们不如对自己说："或许我们根本不合适，或许他身上有很多毛病，即使在一起也还是要分开的。"

再深的绝望也有结束的时候

论绝望，在女人的世界里，最绝望的事当属感情之殇。工作丢了、事业毁了，都没有爱情没了、婚姻断了、家庭散了，更让一个女人绝望。而这对于三十几岁的女人来说，更近乎于灭顶之灾。

大多数女人都把婚姻看成幸福的根本，即使事业再完美，感情、婚姻有残缺，也是难以快乐得起来的。即使是那些事业型的女人，在面临绝望的感情时也无法不痛苦。再强悍的女人始终都是女人，那颗渴望被呵护被疼爱、把感情看得无比重要的心始终不会改变。

我结婚的时候，身边的大部分朋友都结婚了。当我还沉浸在婚姻的幸福中时，有一个大学女同学在 32 岁时离婚了，原因是不会生孩子。为了孩子，感情算什么！他们是初中就开始好的，然而这么多年的感情都不及一个孩子。女同学一度崩溃，爱情观、婚姻观完全错位，甚至再也不相信任何一个男人。一个好好的人也变得有些不正常，从此不敢出门，不敢看到成双成对的人，要靠安眠药维持睡眠。

好在这个男人给她留下了两套房、一辆车，也算是对她的补偿。但是，无论怎样，都难以弥补女人的绝望和对爱情的恐惧。

这是我身边第一个活生生的离婚案例，对于一个出身传统家庭的"80后"来说，我一直把离婚看成四五十岁的时候才发生的现象，所以着实被吓了一跳。

说也奇怪，似乎冥冥中有一种连锁反应，自从听闻这个同学的离婚事件以后，身边的同学、朋友时不时冒出来几个离婚的人。还有的是正打算离婚，每天吵得鸡飞狗跳。怄气的、分居的、找小三的、跟踪调查的、打官司的……好像不离真的就不能过了，都在等着盼着拿到那个小本本。

人们到底怎么了？有多少人真心把婚姻看得很重？有多少人在结婚几年后还记得婚礼上那信誓旦旦的"不离不弃"？有多少男人肯把爱情进行到底，不让女人陷入绝望？似乎很少。这个社会，离婚早已司空见惯，所以，30多岁的女人最绝望的当属结束一段痛苦的婚姻。

陈晶晶去过民政局，不仅是结婚的时候。那时，她觉得跟丈夫过不下去了，就赌气拿着身份证、结婚证，准备换一个离婚证，然后分道扬镳。

最后，因为孩子，他们终究还是没离。后来，他们吵架的时候又去了几次，都"无功而返"。其实，他们谁也不想离。那么，为什么要离婚呢？想吓唬对方，还是真的对婚姻绝望了？

陈晶晶是真的绝望了，虽然不想以离婚收场，但事情很自然地发展至此，好像已经无路可走。关键是，她觉得丈夫根本不懂那句话：女人说分手是希望你来挽留。他不知道哪个女人愿意在青春不再的年龄去离婚，可丈夫不懂她。而无法调和的感情成了一锅掉进了老鼠屎的粥，整个婚姻都充满了绝望的味道。

随后，陈晶晶在绝望中依然痛苦着，挣扎着，而回头她还是和丈夫一起面对生活的磕磕碰碰，一起绝望，又一起心存感激，重新看到希望。

我有个朋友在县民政局工作，她给无数的人办过离婚。有一对 30 多岁的夫妻抱着刚一岁的孩子来离婚，办完手续临走的时候，那个男人忽然对女人一顿打，女人无力还手，哭着离开了。

我能想到这个女人之前肯定早已哭过无数次了。于多少个未眠的夜晚，抱着怀中的孩儿，将泪洒在小小的脸蛋上，心中痛如刀绞。不绝望，怎么会选择离开？我想没有一个女人会在 30 多岁的时候想要离婚，除非那个人她真真切切地不爱了，或者那个人真真切切地不爱她了。

但是，无论如何别放弃希望，即使在30多岁的年龄还要离婚。就像陈晶晶的几次"离婚经历"，说起来像个笑话，但那无奈的滋味真的无以言表。其实，我也曾绝望，一颗碎了的心不知如何缝补，可是，转眼回头看到孩子的时候，一切委屈都不再提了。

如今，当一切随着时间慢慢过去，回头看的时候，觉得那时的两个人就像过家家的小孩子，不懂生活。而今，她们只当个笑话一样去讲述当年的经历，却早已忘了那时的心情。如今的她们，都将那段日子视为一种宝贵的经历，从中吸取教训，然后重新开始。

所以，你看，再绝望的日子早晚都会过去，当看到明天的太阳再次升起，觉得昨天只是梦一场。

几米说："我总是在最深的绝望里，看见最美的风景。"感觉自己要死了，便是重生的开始。噩梦也有醒来的时刻，别为身处绝境而绝望。

接受遍体鳞伤的自己

那年暑假结束后，小蒙带着一颗破碎的心回到了家。那个谈了两年的男孩终究无法与她走到一起，他们只好无奈地分手，这种伤心让小蒙年轻的心无法忍受，好像生离死别一样，整个人像丢了魂儿一样。

终于，在一次迷迷糊糊失去理智的情况下，小蒙拿一把小刀扎向了自己的腿。她以为身体疼了，心才不会疼。在医生一针针给小蒙缝合的时候，看着曾经白嫩的腿血肉模糊，小蒙有些后悔了，身体疼过了，心还是会疼，为什么要这样伤害自己呢？

此后，小蒙不再拿刀扎自己，就算遍体鳞伤，谁又会知道她的心痛？谁又会为她疗伤？

伤了心也是自己的事，没人会替你疼，伤口好了，身上会留下一道疤，而心伤了，有时候就永远也好不了。

有人告知小蒙，鱼的记忆只有 7 秒，7 秒之后它就会忘记过去的事情，一切又都变成新的了。小蒙情愿是条鱼，7 秒一过就什么都忘记了，这样，小蒙就可以忘记过去的伤痛……

小蒙无法解脱，有个朋友认识一个心理医生，于是请她给小蒙一些建议。医生把一个苹果放在小蒙面前的桌子上，问小蒙这是什么，小蒙脱口而出："苹果。"她摇摇头："说得再具体点儿。"

医生转动了一下苹果，小蒙突然发现这个苹果有个地方出现了一块黄豆大小黑褐色的斑点，"是个烂苹果。"小蒙说。医生又转动了一下，把刚才那个有斑点的一面转了过去，问小蒙："再看呢？"

"还是一个烂苹果啊！"小蒙开始感到不耐烦。医生坐下来，看着小蒙说："刚才你明明看到了一个完好无缺的苹果，但是你还是把它定性为一个烂苹果，只因为你看到了那个黄豆大小的斑点。我们的人生就像一个苹果，你那段失败的爱情就像这个斑点。你不能因为这个斑点就否定整个人生，认为其他的也是不好的。"

然后，她拿起一把水果刀把斑点那里切掉，削好皮，递到小蒙手上说："看，这才是我们最应该珍视的部分，我们要把最美好的留给自己。切除了坏掉的那一块，你还是你，虽然遍体鳞伤，但也依然保留着最重要和最美好的——你还有自己，还有一颗跳动的心，还有无数美好的明天。"

就像命运在掌心放了一只苹果，尽管有瑕疵，但我们依然要提醒自己：珍视自我，永不绝望。

世界上，只有一个你，就算遍体鳞伤，也依然是独一无二、无可取代的你。你不接受自己，谁会接受你？大千世界，芸芸众生，每个人都有其存在的价值和意义，不要否定所有的人，当然，更不能否定你自己。

有个高中同学在我眼里一直很幸福，她的 QQ 空间晒满了幸福：有婚纱照、孕妇照、宝宝照、全家福，日志里也写满了幸福：丈夫如何体贴，家人如何相爱，孩子如何聪明，工作如何顺利……

我似乎没有看到一丁点不如意在她的身上发生。

大概过了四五年的时间，我再联系她时，她突然告诉我她离婚了，男人在外面有了第三者，她苦苦挽留，男人以死相逼，真的拿刀架在脖子上逼她。她对我说："我总不能看着他死吧？"于是，她放手了。

但痛苦仍在。我问她，那孩子怎么办？她说只能先骗孩子，说爸爸去国外出差了。可是，一个三十几岁的女人该如何过接下来的日子？该如何接受遍体鳞伤的自己？该如何面对幼小的孩子天真的询问？

　　事实证明，我的担忧是多余的，没了男人，她倒过得很潇洒，今天带孩子去公园，明天跟团一起去巴厘岛旅游，后天又去西餐厅吃牛排……反正前夫给她留下了不少钱，眼下是怎么开心怎么来。她告诉我，跟前夫在一起的时候，总是不开心，什么事都按他说的办，自己没有一点儿自主权，现在没人管她，她觉得日子非常舒服。

　　即使受伤，日子还要照样过，何不接受遍体鳞伤的自己，接受不堪回首的过去。哪怕自己伤得体无完肤，也要一个人撑起坚强的天，因为这天是你自己的天。

　　三十几岁的女人要学着面对生活，承受磨难，并学着接受一个并不完美的自我，哪怕是遍体鳞伤，也要勇敢地告诉自己："不怕，我可以还自己一个崭新的自我。"等自己化茧成蝶，你就是那只最美的精灵。

不必刻意讨好，也不必虚情假意

- 在意别人的目光，多傻
- 亲爱的，你离开自己多久了
- 做个「女汉子」未尝不可
- 人情冷暖原来不是那么回事
- 你也可以不完美
- 享受一个人的爽
- 做一个傲娇的女人

在意别人的目光，多傻

范冰冰说："我挨得住多深的诋毁，就经得住多大的赞美。""我的所有努力都只是为了让自己掌握主动。""别人说好不好不重要，我喜欢就好。我从来就不是为了别人而活。""万箭穿心，习惯就好！"

王菲说："既不应抗拒赞赏，也不用放在心上。遇到诋毁最好无动于衷，对各式评价一视同仁。如果厌倦就放弃，可以留恋，但不应被它刺痛。"

这些明星都曾遭到过各种非议和诋毁，但她们活得依然洒脱，保持自己的个性，那是因为她们从不在意旁人的眼光。这个世界千奇百怪，各色人等都有，如果太在意别人的眼光，那么就无法做自己，只会沦为别人眼中的"乖乖女"。

十几、二十岁的时候，穿一件新衣服出去，总觉得很多人都向自己看过来，猜想他们会不会在心里嘲笑自己；剪一个短发，烫一个长发，都唯恐别人说不好看；谈个恋爱，跟男生说句话都要左顾右盼旁人的眼光；考试试卷发下来，唯恐同桌看到右上角鲜红的分数，赶紧用手遮起来……

三十几岁的时候，不再那么在乎别人的眼光，对于生活多了几分坦然，但还是会介意别人对自己的评价，做一件事时不能完全按照自己的意愿，有时会有些放不开手脚。这样，自己就变得逐渐胆小，不知所措，有时还会令自己的路越走越窄，甚至迷失自我。

从我们出生的那一刻起，"流言蜚语"就已经充斥在我们的生活中了，小时候，如果你不好好学习，爱调皮捣蛋，人们会说你不懂事。长大后，工作了，结婚了，过日子了，流言蜚语更是接连不断，即使我们平平淡淡地过日子，仍然会有人在背后议论纷纷。

一般来说，喜欢议论的人大多是一些生活闲散、毫无远大志向的人，从心理学的角度来讲，喜欢说流言蜚语的心理源于"嫉妒"。有这种嫉妒心理的人本身所表现出来的，常常会有挫折感、失落感和怨天尤人的情绪。而恰恰这种情绪又很容易相互感染，使得越来越多的人对一些流言蜚语进行散布和传播，通过语言的形式将这种嫉妒的情绪表达出来以达到中伤他人的效果。这些议论多数情况下是对我们不利的，还有一些让我们无法接受，但是如果我们一味地沉浸在这种议论的烦恼中无法自拔，那么我们就上了这些喜欢议论人的当。

很多人认为，年轻的时候可以叛逆，可以胡来，可以肆意，可以受伤，年龄一大却要开始有所收敛，不是怕谁的眼光，而是人言可畏。

如果在30多岁时还在乎这些，那真是无比天真。想爱就去爱，想恨就去恨，想做什么就去做，年轻就是要折腾！有人会装，有人不会，这或许就是有无城府的差距，你再不堪也有人对你极尽拥护，你再优秀也有人对你飞短流长，做自己便是最好。

我们最不应该做出的牺牲就是因为别人的评价而改变自我，因为那些对你指手画脚的人他们自己也不知道遵从的规则是什么。千万不要只遵从规矩做事，规矩还在创造之中，要根据自己的判断做每一件事，虽然这样会麻烦一点。

卡门·戴尔·奥利菲斯是享誉时装界的超级模特，年轻时的她长相并不出众，但她却想当一个模特儿。卡门的母亲并不看好自己的女儿，因为在她看来，卡门是个有着"两扇门一样大的耳朵和一双大丑脚"的女孩。13 岁那年，一位摄影师给卡门拍摄了她的第一张写真。卡门将这张照片投到杂志社，照片未被采用，他们说照片人物"很不上相"。

卡门并没有因别人的看法而放弃当模特儿的愿望。相反，她去参加模特儿培训，希望成为专业模特。当培训班的招聘经理看到卡门时，以近乎挑衅的语气问卡门："你觉得自己漂亮吗？"而卡门的回答却是："没有人可以否认我的美丽！"

卡门的自信最终征服了这位招聘经理，而事实证明，卡门的确是对的。在经过短暂的培训后，卡门迅速地在 T 台上展示出了自己独特的魅力。并于第二年登上了《Vogue》杂志的封面，成为当时最年轻的《Vogue》封面女郎。此后一发不可收拾，几乎所有世界大师和全球名牌都争相邀请她做品牌代言，她也一度获得"冰山女王"的美誉，并在以后的几十年中魅力不减。

你所做的一切不可能让每个人都满意，所以在意别人的目光，甚至为了迎合、讨好别人而违背自己的意愿，丢失自己的本性，是一件很傻的事。

做事不需要人人都能理解，只需尽心尽力就好；做人不需要人人都能喜欢，只要坦坦荡荡就好。即使再优秀的人也会遭遇他人的质疑或嘲笑，即使再平庸的人也会有人去喜欢去赞美。

不要太在意别人的目光，要学会坚信自己的原则。自己的事情自己做主，别人无权对你干涉，要知道，他们既然有注视和评论的权利，你也可以有不看和不听的权利。

亲爱的，你离开自己多久了

有一只青蛙，常常独自站在河边望着来往的人群发呆，因为它觉得有两条腿非常神奇，慢慢地它对自己走路的方式不满起来：四条腿一蹦一跳的，看那些人，两腿直立行走，又高级又潇洒，如果我能像人类那样走路该有多幸福啊！

此后，青蛙开始不停地到寺庙中拜佛许愿，盼望有朝一日能像人一样走路。青蛙天天、年年的虔心朝拜终于打动了神灵，上天答应给它一次做人的机会。

青蛙终于有了梦寐以求的两条腿，它骄傲地站起来，迈开两条长腿（原先的后腿）大步流星地走了起来，可是它莫明其妙地离河边越来越远，怎么也走不回水边去，也无法再捕捉到食物，饥渴难当的青蛙终于死掉了。

161

原来，青蛙站起来走路后，它的眼睛只能望见后面，腿往前走，眼往后看，这样的怪物自然无法生存。

多数人最容易犯的一个错误，便是羡慕别人。其实你在羡慕别人的同时，别人也在羡慕着你，普通人羡慕名人，因为名人受万众瞩目、各种场合风光无限；名人又羡慕普通人，因为普通人自自在在，更多的时间属于自己……所以，做自己便是最好。

一个人一定要做自己，才觉得痛快。然而人生有很多无奈，必须放下原本的自我，去做自己不喜欢或者不能接受的那类人，或者要戴着面具假装还是原来的自己，其实已经离得十万八千里了。离开自己太久就会觉得痛苦，觉得迷失，此时，要重新回到自我的本身里面，不是一件容易的事。有的人已经习惯了当下的角色，习惯了当下的生活，就会懒得改变，或者怕改变了会产生更不好的结果。所以，很多人就一直在这种状态里待下去了。

其实，离开了自己，你已经不再是你，一个人做自己不喜欢做的人、不喜欢做的事是最大的悲哀。人生最痛苦的事莫过于不能做自己，但只要你勇敢地坚持，就没有人可以让你离开自己。而且，如果去寻找，曾经失去的那个你还会再次回到身边。

我的好朋友小静是个非常温柔的女人，婚后，她一直安安稳稳地做着自己喜欢的教师，每天都充实满足。她的婆家在当地开了一家颇具规模的酿酒厂，随着生意越做越大，厂里开始缺少技术和管理层的高端人才，小静是大学毕业，写写算算样样很棒，于是，她的公婆便希望她能去厂里帮忙。小静舍不得教师这个行业，不想去厂里，而且她希望做自己的事业，而不是依附于公婆家的家族企业。

很多人都劝她："自己家办的厂，你去这里不比在别人那里工作舒服吗？而且你帮自己家人也是应该的啊！"可是谁会知道她根本不喜欢酿酒这一行，但若执意不去，会不会弄得家庭不和睦？小静也很担心，一时非常矛盾。后来，这件事一直僵着，中间也由于谈不拢而闹得很不愉快，但小静冷静下来觉得，与其让自己不开心，日后还有可能让自己后悔，倒不如果断地拒绝。就这样，她一直坚持自己的想法，最后也就不了了之了，公婆也不再说什么了。

其实，很多时候我们觉得委曲求全是一种高尚的奉献精神，然而，这种高尚不是以牺牲自我为代价的，而且，牺牲了自我也并不见得别人会领情，所以，我们应该做自己，不要轻易离开自我的本心，只要坚持自己，没人可以动摇我们一丝一毫。

最美的人生应该是按照自己的方式活着，如果不能自己选择人生，年薪一百万也觉得不开心。这就是为什么现实中那么多女人，拿着月薪一万的薪水还觉得自己是个穷人。因为她们不开心，她们的内心充满了欲望，按照大多数人的方式活着，一辈子以物质为追求目标，却忘记了自己的初心。

做你自己，就是最好的人生，别人有别人的苦，你也有你自己的快乐。

做个"女汉子"未尝不可

不知何时，生活中开始流行"女汉子"一词，把女人定义得男不男，女不女。强悍的女人被称为"女强人""女汉子"，其实这是不公平的。是社会规定了女人必须弱，男人必须强？还是说男权社会对女人来说是"弱者"的定义使她们必须柔弱不堪？

"女汉子"可不是那么简单的。不是说长得漂亮、温柔贤淑就是"女神"了，长得彪悍、性格泼辣就是"女汉子"了。我一直认为《大宅门》里的二奶奶是个"女汉子"，那是因为第一次看这部电视剧是从中间看的，那时候，家里出了事，二爷和家里的爷们都在往后躲，唯独二奶奶不管不顾地冲上前，就为了这个家的大局。

那时候，看她扯着大嗓门，雷厉风行、泼辣的样子，感觉她就是个"女汉子"。第二次再看这部剧时，我从开头看起，发现这个二奶奶在刚嫁进白家门时，其实挺温柔，挺贤惠的，羞羞答答，说话轻声细语，连头都不好意思抬，也不怎么出门，就在家相夫教子。只是后来家里出了变故，整个家族的男人都是胆小无能的货色，她一个女人才在危难时刻挺身而出，以一个女人的肩膀撑起一个偌大的家族，并一步步走向稳定，走向辉煌，这才变成了"女汉子"。

男人不喜欢"女汉子"，他们希望女人如水一般温柔、听话、懂事，不要比男人还坚强，还能干。男人特别不希望自己的妻子是个"女汉子"，不要十八般武艺样样精通，只要做好家务活，教育好孩子，其他的最好都一知半解，然后去向男人讨教才好。这样才能彰显他们大男人的本色，拥有让女人佩服得五体投地的机会，似乎这样就征服了女人。如若不然，就会觉得颜面扫地，愧疚难当，就会觉得"女汉子"们扫了他们的兴，让他们抬不起头。

其实，男人们是否想过，"女汉子"并非一开始就是"女汉子"，有的是被社会、被家庭逼出来的，特别是女人嫁给了一个生性懦弱、本事不大脾气不小的男人时，她必须自己就是一个天，不然很多事就办不成，日子就过不好。当一个男人无法给女人依靠，逼得女人比男人还坚强时，"女汉子"就被岁月一点一滴地

166

打磨出来。她必须像男人一样拼命工作、操心一家老小的吃喝拉撒、计算每天的收支、规划未来的生活。她要有一颗男人的雄心，去要强地过好日子，她也要有一个男人的性格，雷厉风行，直爽豪迈；她也要有一个男人的心态，自信自强，独立自主；她更要有一个男人的肩膀，坚韧坚强、吃苦耐劳。

当自己的男人吃过晚饭窝在沙发里看电视的时候，她得像个汉子一样去使唤自己——洗衣、刷碗、拖地、照顾孩子、考虑好明天需要办的事项，等到男人看完了电视，她还在不停地忙活，累得像头牛一样。你说她若不把自己当成个男人，怎么能承受这样日复一日的繁重劳作？当男人遇到事情往后退缩的时候，她若不像个汉子一样往前冲，事情又怎么得到解决，日子又怎么能过下去？

所以，别觉得"女汉子"这个词多么不堪，不同的环境造就不同的女人，外界的环境和天生的性格是"女汉子"形成的原因。这并非是个人情愿的事，有的是经历生活的磨砺之后所不得已而为之，有的是天生的性格使然，总之，"女汉子"是生活的强者，并非弱者。

其实，做个"女汉子"未尝不可，三十几岁的女人必须坚强地面对生活，不要怕别人怎么说，有些人不了解你的经历和现状，怎么会懂你缘何是个"女汉子",他们是站着说话不腰疼,自然不会明白女人可以是水做的骨肉,也可以是钢做的躯壳,需要穿起故作坚强的盔甲来支起一个天。

当年范冰冰被媒体问及是否会嫁入豪门时,她回答:"我就是豪门!"又在回应"包养门"事件时说:"谁敢包养我,我不包养别人就不错了!"能说出这样豪迈的话语来,难怪人们称她为"范爷"。

人情冷暖原来不是那么回事

一个大龄女青年屡屡分手，到了 30 岁还是单身，她的条件还算不错，研究生学历，工作稳定，工资高，就是相貌普通了点。相亲了几次，但都以失败告终，慢慢地她对男人、对爱情、对婚姻都有了不一样的看法，她觉得这些男人都是世俗的，都是冲着她的条件去的，没有几个人是真心爱她这个人。

后来她干脆不再相亲，也不再搭理任何男人，但家人还是拉着她去咨询了心理专家，毕竟不能一辈子不嫁。本以为专家会安慰几句，或者开导她往好处想，没想到专家却说："你总得让人图你点什么吧，年龄和长相你都不占优势，如果什么都不图，人家找你干什么？"

话虽露骨无人情味，但想想也是这个道理，不管什么关系，都要有让人赏心悦目的地方，别人才会愿意和你来往，不能带给双方正能量、让彼此成长的关系其实也不会长久。就像朋友，有人说朋友就是相互"利用"，是啊，你是一块金子闪闪发光，深得我心，值得我利用，我也心甘情愿利用你，这是一件多么幸福的事！其实，有时"利用"就是资源共享，互帮互助，如果只让别人帮助你，而你不对别人施以援手，或者身上没有别人可利用之处，纯粹靠情感维系一种单纯的友谊是很容易断裂的。

年轻的时候总觉得世界是美好的，人都是善良的，长大后逐渐经历了很多事，接触了很多人，才明白原来不是那么回事。亲人和亲情不是一回事，情感和情义不是一回事，爱情和婚姻不是一回事。有血缘关系的亲人可能亲情淡薄，没血缘关系的反而可能胜似亲人；情感丰富的人可能做出无情之事，无情无义之人可能做出有情之举；有爱情不一定走进婚姻，婚姻中的人不一定有爱情。

以前看路遥的《平凡的世界》，有一个情节让我印象颇深：

孙少平外出打工，无处容身，正好碰到一个亲戚，于是到他家里去住，其实也不是白住，而是每天都给他们挑水、干活。后来，孙少平在工地得罪了亲戚，亲戚就要赶他走，孙少平还想给他们挑水之后再走，而这个亲戚非但不让，还强行掏走了他身上全部的钱，那可是他做了一个月工辛苦挣来的血汗钱。

路遥在此处写道：第一次深深地感受到，人和人之间的友爱，并不在于是否是亲戚。是的，小时候，我们常常把"亲戚"这两个字看得那么美好和重要。一旦长大成人，开始独立生活，我们便很快知道，亲戚关系常常是庸俗的，互相设法沾光，沾不上光就翻白眼，甚至你生活中最大的困难也常常是亲戚们造成的。生活同样会告诉你，亲戚往往不如朋友对你真诚。见鬼去吧，亲戚！

何谓"世态炎凉"？此处真是最好的诠释。其实，并不是所有的亲戚都是这样无情的，但总有那么一些有血缘关系的人甚至自己的亲生父母、兄弟姐妹，比没有血缘关系的人还要冷漠、绝情、狠心。

我在育儿群里碰到一个居住在维也纳的华侨，一个嫁给了外国人的 30 多岁的女人，每天都在群里与人热闹地聊天，无非是孩子、老公这些家长里短的事。有一次，看到她发来一条信息说，她的父亲向她要 10 万块钱，说是她的弟弟要结婚了。群里有人说，你弟弟要结婚凭什么向你要？她说，父亲认为她有钱，就应该出。有人就说："这是什么逻辑，即使要也不能要这么多啊！"她说："父亲觉得把我养大，供我上学，是对我最大的恩典，所以他说我就是出再多也不算多。而且，说我是女儿，就该帮着娘家。"

接下来，她讲了好几件父母兄弟姐妹甚至亲戚向她要钱的事，且都有去无回，在他们眼里，她这个出嫁了的闺女就是个摇钱树，现在有出息了，理应给他们钱，这些年她给家人的钱都有几十万了。而且，令她寒心的是，家人对她根本不关心，只在问她要钱的时候跟她联系，即使她回家家人对她也是冷淡得很，好像对一个外人。群里很多人都愤怒了，说什么的都有，有的说这样的父母真是绝情，以后不要回去了；有的说，你以后不要给他们钱了，你的钱也不是大风刮来的。

但这个女人还是叹了一口气，声称没办法，只是幽怨地说了一句："下辈子不再做他们的女儿。"可转眼，她还说要给父母养老，不能看着他们不管，毕竟是父母。

女人在年轻的时候就像一块普通的石头，到了30多岁的时候，历经岁月的洗礼，棱角磨平之后才懂得圆润，懂得什么叫人情冷暖。人情冷暖有时如同沙砾，时时在磨砺着我们，偶尔，也会被刺痛，被伤害。渐渐地，我们明白，这个世界不再如当初想象中那么单纯、美好，而是交织着许多惨不忍睹的肮脏和丑恶，就像一个人，永没有绝对的善和绝对的恶，总是天使和魔鬼的结合体。人心有时就像一个苹果，当阳光照耀在它身上时，一半是明亮的，一半是阴暗的。生活亦是如此，一半是美好的，一半是丑陋的。

但是，这就是生活，就像一枚硬币永远有正反两面，也像白昼和黑夜交织起完整的一天。我们不能就此认定世界没有了善与美，就此全盘否定了所有的人，而是要更加地通达人生，练就一个更加聪慧的头脑，不要因为一点儿不如意，就否定了整个世界。

你也可以不完美

　　我住的楼上有个胖胖的妹子，180斤，刚刚30岁的年龄却像40岁。不过她没有丝毫的自卑，她很潇洒，从不会遮掩自己粗得像树一样的腿，夏天还穿超短裙、紧身裤，打扮得甚是时髦。孩子刚过了满月，她就忍不住去烫发，说这样才好看。其实，她的脸很胖，烫发反而显得更胖，但她追赶时髦，生怕自己落后于别人。

　　她说，婆婆讽刺她胖，形容她的脸像包子一样，但她说，我为什么会变胖？还不是因为生小孩，我之前也是很瘦的。听她的口气，能感觉她对婆婆的话很生气，她说，我为这个家付出了这么多，生了两个孩子，平时省吃俭用，辛勤劳作，却换来了这样的结果。或许她也知道自己是不完美的，可是现实总是残酷的，她不能要求别人认可她的不完美。

其实，她完全不必要求自己完美，更不必为了迎合他人而费尽心思，做自己，即使不完美也是最真实的自我。

这世界有各色各样的人，胖的、瘦的、美的、丑的、好的、坏的、聪明的、愚笨的、尊贵的、卑下的，但无论是谁，都或多或少有一些不完美，即使是美丽性感的梦露也有一颗大大的黑痣，才华横溢的张爱玲爱了一生却孤独一世，演技一流的周迅却有着一副沙哑的嗓音，所以，别羡慕任何人，谁都不是完美无缺，也不是万事如意。

不知从何时开始，阿兰成了一个完美主义者。她对任何事都要求完美，不想留一点儿瑕疵和遗憾，所以总是尽力去做每一件事，哪怕是一顿饭，也尽心尽力地做到色香味俱全，洗衣服要洗得没有一点儿污渍，宁肯多费点水，费点时间，也要洗得干干净净。有些在别人看来"差不多"的事，她却觉得还可以做得更好。她还希望自己的人生也是完美的，学业完美、爱情完美、婚姻完美、事业完美，甚至她也希望自己的家人凡事做到完美，有着完美的性格和习惯，完美的衣着和谈吐。可她的人生才刚刚展开。就在30 多岁的时候，阿兰陷入不完美的境地——她的婚姻开始出现危机，事业也被迫中断。

在很多事总是事与愿违时，她才发现要求完美是不现实的，人可以尽力去做，却不可能达到完美，也不可能事事完美，总有那么一些事会留下缺憾和不足。所以，既然如此，那就索性放下完美的理想，别给自己定太高的目标，告诉自己——你也可以不完美。

其实，不完美才是真实的人生。学界泰斗季羡林说："每个人都争取一个完美的人生，然而，自古及今，海内海外，一个百分之百完美的人生是没有的。所以我说，不完美才是人生。这是一个'平凡的真理'；但是真能了解其中的意义，对己对人都有好处。对己，可以不烦不躁；对人，可以互相谅解。这会大大地有利于整个社会的安定团结。"

有一个童话也许可以让我们得到更多的启示：

一个被劈去了一个缺口的圆想要找回一个完整的自己，到处寻找那片缺失的部分。由于它是不完整的，滚动得非常慢，但这使它有时间去欣赏沿途美丽的风景，并有机会和虫子们聊天，和路边的鲜花招手。一路上，它找到许多不同的碎片，但它们都不是它自己的那一块，于是它坚持着找寻……直到有一天，它实现了自己的心愿。然而，等它把这个部分放到自己身上时，它发现，作为一个完美无缺的圆，它滚动得太快了，于是错过了路边那些美丽的风景。

　　这就像女人，年轻的时候极力使自己变得完美，可随着时间的流逝，慢慢发现很多东西还是不完美的好，太过完美反而让我们失去了自己，找不回最初的那份美好。30 多岁的年龄，我们最应该做的不是如何让自己变得更完美，而是对自己多一分宽容，不再苛求完美，胖了就胖吧，只要健康就好；钱少就少吧，只要快乐就好；爱了就爱吧，只要愿意就好；不爱就不爱，只要放下就好。我们极力追求完美的后果只能是让我们觉得更不完美，有时候放弃那些自以为完美的东西，会让我们发现路上更多的好风景。

享受一个人的爽

　　这个社会，单身的女人很多，她们大多二十七八、三十上下，却还一年又一年地单着，不介意被称为"剩女"，甚至"大龄剩女"。为什么单着？一部分因为年轻时忙着工作、事业或者机缘不巧，没有碰到意中人；一部分因为身边的男人实在入不了法眼，找男人又不是买衣服，不合适还能退，与其婚后懊悔，不如不结；一部分因为自身条件不太优秀，但又要求过高，自己1.5米的个头，非要个1.8米的大高个；一部分因为自身条件太好了，好得男人望而却步：漂亮、学历高、工作好、挣钱多，甚至有房有车有存款，却唯独缺少一个与之条件和能力都相当的男人；一部分因为自身条件中等，是众多男人合适的结婚对象，却因条件太高，比如彩礼、三金、婚房、豪车等男方无力承担，而让男人忍痛割爱。

这种现实因此造就了一大批大龄剩女。

"剩女"，这个称呼并不好听，意思好像是"没有男人要的女人"。在西方，单身是个人的选择，也成了一种时尚。虽然现在女性得到了很大的解放，但在东方社会中，女人还是被定义为依附男人的一群人。一旦在该结婚的时候没有男人，这个社会就会判定这个女人是失败的，哪怕女人一个人过得好好的，也依然不能避免他人的怜悯和鄙视的眼光。

谁说三十几岁就必须结婚生子？保持单身也是一种负责，对自己、对他人、甚至对未来的孩子。如果不幸福，有了孩子再离婚，是对孩子最大的伤害。所以，倒不如单着。谁不想拥有完美的爱情，谁不想成双成对！一个人的日子很孤单，很凄凉，可是爱情有时可遇不可求，所以宁缺毋滥也是一时之策。

有的女人在三十几岁成为单身，是因为碰到了一段失败的婚姻。两个人变成一个人，孤单是难免的，但为了婚姻而凑合过日子也是一种人生的失败，且是对自己的不负责。要知道，我们除了活给别人看，更重要的是活出自己。所以，有爱情，便全心对待，没有爱情，就一个人惬意。一个人过，没什么大不了。地球离了谁都照样转，你离了任何一个人依然可以活。别凄凄惨惨的，感觉离开了他，就到了世界末日，你对别人来说没那么重要，那么，为何你还要把别人当成宝？所以，不管是两个人的日子，还是一个人的日子，都是你自己的日子，都要过得漂亮，才不算辜负此生。

一个人逛街，一个人吃饭，一个人睡觉，一个人旅游，你会感到从未有过的爽——随心所欲，不用在乎别人的所思所想，不用在乎别人的喜怒哀乐，更不会有谁能影响到你的心情，你一个人，安安静静，清清爽爽。

所以，一个人的日子也是一件好事，你可以有更多不被打扰的时间做自己想做的事，哪怕偶尔犯傻，突然跑去非洲原始森林，也没人会干涉你的自由；哪怕你把自己打扮得像个妖精，也没人讽刺你"吓哭了宝宝"；哪怕你天天吃麻辣烫，也没人会抱怨一句话；哪怕你把房间的墙刷得五颜六色，也没人说"像个大花脸"。

你还有大把的时间可以看书、写字、跑步、旅行，不必担心没有时间，一个人的时候最多的就是时间。不像两个人的时候，总是忙得像个傻瓜，为男人洗衣做饭、生气掉眼泪。一个人可以随意支配时间，随意做任何事，想唱就唱，想醉就醉。你可以不必做那么多家务，不必半夜苦等一个人归来，不必为谁伤心难过，你可以有大把的时间去享受一人的下午茶，可以去看场一个人的电影，还可以去四处走走停停。

一个人的时候，会慢慢感觉孤单也是一种享受，单身也是一种快乐。你会发现独处是一件很美的事，你可以专注于当下，专注于自己，从时间中慢慢积蓄更多的力量，以使自己有强大的内心去面对未来，去支撑今后的每一个梦想，每一个不曾拥抱的美好时光。这样，单身也就变成了一种修行，就像"闭关修行"一样，你在这段时间有了更多的参悟，便会对世事的理解多一份通透，如此，当你遇到生命中的那个他，便有了强大的力量去面对更多复杂的事。

一个人的日子让头脑变得冷静，可以有更安静的时间去慢慢地思考一些问题，可以去好好地品悟人生，可以有大把的时间把从前的事情慢慢地捋顺，找出破绽，做出总结。

一个人的日子可以让心放轻松，不必虚情假意，也不为刻意讨好谁。不再像两个人的时候那样，为了营造一种甜蜜的时光，有时费尽心思去刻意打造一种快乐美好的氛围；为了附和别人的喜好，而放弃自己的想法；为了避免两个人时的尴尬冷清，故意制造一种热闹欢腾的场景。这种日子很美，但也很累。

一个人的时光，总是最初是被迫，慢慢地就变成了适应，最后就变成了喜欢，到了要接受另外一个人的到来时，又有点告别老朋友似的依依不舍。我们都要经历这样的时光，这是迟早的事，如果你正在经历，那就请好好地享受一个人的爽吧。告别这段日子，你会发现有些东西便再也不会回来了。

做一个傲娇的女人

在网络里，"傲娇"可能是个贬义词，但我的理解是：傲娇，是有傲骨，而无傲气，平时态度有点儿冰冷，给人不可靠近之感，但内心火热，既不高傲自大，也不妄自菲薄，有时也会可爱、娇气。

这样的女人就是冰与火的结合体。就像大明星王菲，笑容很少见，看似冷若冰霜，但内心是一团火，率性而为、敢爱敢恨。不爱了，就痛快地放手；爱了，就大胆地上前。还有大作家张爱玲，不喜欢她的人，说她清高孤傲，喜欢她的人，说她率真。她不愿为了讨好人而丢弃女人的傲骨，她愿意做回自己。其实，张爱玲绝非冷若冰霜之人，她的一些文章不时透着一点儿可爱、调皮和任性，这又让人觉得她也是有点儿娇的女子。

张爱玲说，女人爱一个男人，就会卑微到尘埃里，然后又从尘埃里开出花来。爱,让女人甘愿放下傲气甚至尊严,但这绝对不是对等的爱,这样的爱是畸形的,是得不到祝福并且不能长久的。爱,应是彼此平等、尊重,不掺杂一丝轻视和厌倦,也不带一点儿傲慢和偏见。

好朋友阿宁是个有点儿高傲的女子,年轻时追求者众多,但她统统不理睬,情书统统不看就扔进垃圾桶,还当着男人的面儿直言相告不可能。后来,碰到一个自己喜欢的男子,为了爱情,她放下端了多年的架子,甘愿低头为他做任何事。每天小心翼翼,生怕让他不高兴,每件事都努力做好,每句话都三思后出口,但还是常常令他不满意,甚至生气。男人对她的爱不以为然,甚至常常践踏她的尊严。他在众人面前大声地呵斥她;一句话不对,他就把她一个人丢在冬夜的街头;还嫌弃她的衣服丑,一把火统统烧掉……在经过了漫长的等待和努力之后,阿宁终于准备放弃了,她说,我要做回自己,不再憋屈地活。

在爱情里,无论谁主动,谁被动,谁爱谁多一点,都不能当作谁可以鄙视谁、作践谁的理由,爱是在彼此的眼里看见自己,是相互的尊重。所以,女人们千万不要为了爱情放下女人的傲娇。

好朋友阿慧不爱那个男人,但还是跟他走到了一起,并结了婚。她说,可能是自己也孤单寂寞,想有个人陪吧!后来,她说她后悔了，因为她并不爱他。但是那个男人黏上了她，赶都赶不走。再加上她的确寂寞，也就索性接受了这份不算爱情的爱情。

与一个不爱的人谈恋爱、结婚、生子，于我，是难以想象的。可她说，人家苦苦缠着不放，有什么办法？或许是女人的心软让她选择了顺从，但是，这种心软带给她的却是一辈子的痛苦——她不爱他，他的所作所为她都不在乎，甚至他给别的女人写情书她也不理会，而让她更心不在焉的是，时常想要离婚，甚至真的爱上别的男人，只是最后毫无结果，但是内心的绝望和对爱情的渴望常常令她以泪洗面。

我说，当初你太温顺了，才给了他可乘之机，但如果你懂得拒绝，他也会知难而退。一切都在于你采取什么样的态度和方式去对待这种所谓的"骚扰"。

女人太温顺了，不一定是件好事。温顺可以，但同时也一定要有点儿傲娇。女人的傲娇是矜持、自重，也是一种智慧、聪颖。

傲娇不是傲慢。傲慢总是与无礼相连，一个人一旦傲慢，便会显得无礼。

众生平等，谁都没有资格鄙薄任何人。但现实中就存在这样的女人，她们都是普通人，没有显赫身世，没有引以为傲的身材，甚至不漂亮、不温柔，没有女人味；她们没有成功的事业，甚至连工作都没有，整天吃喝玩乐，花着别人的钱，潇洒着自己的人生。但就是这样一些没有任何资本的女人，却自命不凡，喜欢以一种傲慢的口气说话，傲慢的神情看人，总以"姐""老娘"自居，动辄批评这个，数落那个，而且还都是与自己毫不相干的人，好像看谁都不顺眼，恨不得见谁都"损"上几句才过瘾。

其实，那些傲慢的人只能得到别人同样的鄙薄。什么都是相互的，一个人拿鄙薄的口气对别人，别人也会同样鄙薄她。或许出于某些顾虑不敢，但在心里也会鄙视她。

所以，做女人，一定要做个傲娇但不傲慢的女人。

你的世界，需要自己关照

CHAPTER
7

没有什么值得你拿命去拼
有时，不甘和不弃只是自我摧残
不要拿别人的错误惩罚自己
没人关心，有什么关系
原谅自己，刹那花开
一定要对自己好点儿
世界这么大，你该去看看

没有什么值得你拿命去拼

　　梅艳芳去世时年仅 40 岁，在去世前的一段时间，她打算举行演唱会。当时，她刚做完化疗，身体很弱，朋友劝她迟些再做演唱会，但她却说："一定要做，不做没得做啦。"整个演唱会她完全是靠意志支撑下来的。梅艳芳是个不可多得的实力派女星，出道早，功底深，只可惜太过拼命，即使在生命的最后时刻，还在做巡演，或许她太爱这个舞台，但已经生了重病，危在旦夕，还要玩命工作，已经不是让人佩服的事了，而是一种对自己太过苛刻的行为。

　　在电视剧《情深深雨濛濛》中饰演方瑜的女演员李钰因患淋巴癌去世，年仅 33 岁。她的朋友说她的去世估计跟压力大、工作辛苦有关。虽然李钰生前注重健康，最爱健身、晒太阳，又是学舞蹈出身，但做演员压力太大，常因工作原因得不到充足的睡眠，李钰曾有一次连续拍戏 5 天没睡觉，人都木了。所以说女人是不能熬夜的。

我的一个同学也是由于工作太累而猝死的，她是个很顾家的女人，30 多岁的人，忙得没有时间化妆、逛街、游玩，每天都在拼命工作，拼命挣钱，追求更好的生活。有一天，我突然给她打电话，她的家人却说，她已经不在了。我恍若隔世。几个月前还是一个鲜活的生命就这样突然间消失了。

世界上有很多珍贵的东西，然而没有一样东西能够与生命、健康相比。人生最大的错误就是用身体换取身外之物，没了身体的健康，一切都将不复存在。太过拼命的结果就是身体超负荷运转，终究会在达到极限时戛然而止。人生就像一张"弓"，拉得太满会疲惫，直到那根线彻底断开。

把人生当旅程的人，遇到的永远是风景，淡远绵长；而把人生当战场的人，遇到的永远是争斗，激烈昂扬。人生如一场"马拉松"，不是百米冲刺，所以完全不必在刚开始就把力气一下子使完，"留得青山在，不愁没柴烧"，学会给自己留有余地，别把力气用得太快、太多，这样就不会在人生的跑道上中途倒下。要知道，我们是人，不是不吃不喝不生病的机器人。人如车，要学会时时给自己加油、保养，在路上时不可跑得太猛，这样才不易出故障，才会用得长久。

　　人生就是这样，选择什么你就会遇到什么，没有对错之分，只有承受与否。当无法承受的时候，要告诉自己学会减压，学会放下——放下令自己不堪重负的事，放下令自己心累的人，放下追逐不尽的功名利禄。只要还有明天，今天永远都是起点。

　　有的女人会说，不拼命怎么拥有幸福的日子？其实，幸福并不是只有拼命才可以得到。世上有赚不完的钱，有用不尽的物，但若没有一颗知足、淡然的心，再多的钱和物都无法填满欲望的沟壑。诚然，作为一个女人，也要工作，要赚钱养家，但千万不要把这个任务当成自己最重要的事，除此之外，三十几岁的女人还有很多事同等重要，比如经营好婚姻、教育好孩子、维系好友情、保养好身体、打造好心态……

　　三十几岁的女人，如果依然单身，那就另当别论，只能自己养活自己，但结婚了，就要把拼命养家的任务交给丈夫。张爱玲说："用别人的钱，即使是父母的遗产，也不如用自己赚来的钱自由自在，良心上非常痛快。可是用丈夫的钱，如果爱他的话，那却是一种快乐，愿意想自己是吃他的饭，穿他的衣服。那是女人的传统权利，即使女人现在有了职业，还是舍不得放弃的。"该花男人的钱就要花，不要死要面子活受罪，更不要拼了命地自己赚自己花，以彰显"女人也是半边天"的强悍。

其实，有能力赚钱，固然是好事，但是拼了命地为了赚钱而赚钱就多少显得有些傻。女人要工作，要为事业奋斗，但一定不要拼了命；女人要努力地做好很多事，但一定不要拼了命去做。拼了命，付出了全部，还会剩下什么呢？

饭得一口一口吃，水要一口一口喝，别绷得太紧。女强人不是人人都能胜任，别为了事业失去太多——健康、自由、爱情、娱乐、快乐、天伦之乐……所以，没有什么值得你拿命去拼，该休息就要休息，该舍弃就要舍弃，该享受就要享受，学会劳逸结合，适度放低对生活的奢望，减少对物质的贪婪，那样就会轻松很多。

所以，三十几岁的女人们，到了这个年龄，应该知道孰轻孰重。别总把工作、事业、钱财、房子、车子看得太重，抽个时间，约上三五好友，去爬爬山，锻炼一下身体，呼吸一下新鲜空气，感受一下大自然的博大，舒缓一下紧张的身心，品味一下生命的美好，如此这般，就懂得人生苦短，没有什么比拥有生命更重要，没有什么比珍惜当下更值得。

　　不要到人生的最后才幡然醒悟，原来自己错失了那么多欣赏风景的机会。为了让自己在心灵上有一些美好的回忆，那么请在以后繁忙的生活中，不时地停下来歇一歇。

有时，不甘和不弃只是自我摧残

希腊神话里有个故事，西西弗斯触怒众神，众神对他的惩罚是让他把一块石头推上山，每次他推上去，石头都会滚下来，再推上去，再滚下来，如此循环往复，推石头成为他永恒的使命。历来，人们对这个故事的看法不一，有人说，它象征了不懈的坚持和努力，也有人说它是惩罚与救赎。

德国著名作家、诺贝尔奖获得者君特·格拉斯是这样理解的：对于西西弗斯来说，石头是压力，也是动力。如果你拿掉西西弗斯的石头，他会不高兴的。

想一想，这块石头是否很像我们心中那些不甘的事呢？我们牢牢地抓住，苦苦不肯放弃。此时，这些"石头"就变成了一种惩罚与自我摧残；但是，如果你把它当作挑战和动力，学会放下不甘心的事，不想舍弃的事，就可以获得心灵的救赎，那么就算生活再艰难，你都可以找到迈出下一步的理由。其实，真正的救赎，并不是厮杀后的胜利，而是能在苦难之中找到生的力量和心的安宁。西西弗斯的石头是悲惨的源泉，也是重获幸福的踏板。

所以，有些事不放弃并不一定是对的，生命中总有些事无法承受之重，与其让它们死死地压着我们，不如把它们从身上推开，让自己获得一丝喘息。不然，自己迟早会被压得不能动弹，而这其实是一种完全没有必要的自我摧残。

放手，是对他人的谅解，也是对自己的解脱。有些事，明知是错的，也要坚持，因为不甘心；有些人，明知不爱了，还不放弃，因为不甘心。但是，你再不甘心，事情也已经发生，你再不愿放弃，事情也已经无法挽回。倒不如潇洒地挥挥手，作别往日的喜怒哀乐，给自己一个更加美好的明天。

在一座寺院里，法师让新来的小沙弥去另一座寺院送经书，这些经书有几百本，由一匹枣红马驮着。途中，小沙弥怕马脱缰而逃，又怕它不赶快走，于是一直紧紧地牵着马的缰绳。可是，越是这样，那匹马越是在后边拖拉着，不肯配合，甚至越走越慢，越走越没精神，小沙弥就把缰绳扯得更紧了。结果，沙弥和马之间无法形成默契，本来并不远的路途，居然用了整整一天的时间。

回到寺院里，小沙弥就一脸的不高兴，法师问他怎么回事，他就说这匹马太不听话了，越拉越不走，急死人了。法师就笑了，对小沙弥说："你愿意让我拽着你的脖子走路吗？"小沙弥不知所以然，顺口说："当然不愿意。"法师又说："马其实也跟人一样，不愿意让人拽着脖子走路，你不能强拉硬拽，而应该让它自己走，绝对不能在前面拉它。这匹枣红马是一匹最听话的老马，所谓老马识途，它在这些寺院与寺院之间的路途上，走了已不止一遍了，所以你根本不用担心它会迷路。明天再去另一座寺院送经书时，放手让它自己走，你试试看。"

第二天，小沙弥没有再拉缰绳，而是把缰绳放在马的脖子上。那匹马像是受到了莫大的尊重，马上精神起来，扬起四蹄"嗒嗒嗒"地朝目的地走去。小沙弥在一侧跟着，既轻松又愉快。结果可想而知，与昨天差不多的路程，今天只用了小半天的时间就顺利归来。

三十几岁的女人一定要懂得，人生别跟自己较劲，该放手的时候就要放手。所以，即使再不甘心的过往也要勇于忘记，就当生活跟你开了一个玩笑，要知道，任何事都没有糟糕到非要折磨自己的地步，才算痛快。

歌德说过："生命的全部奥秘就在于为了生存而放弃生存。"

人生就是选择，放手并不意味着终结，或许是另一扇门的打开，当千千万万个人都在挤独木桥的时候，与其挤得头破血流，不如潇洒地放手，或许桥的这头还有你未曾跋涉过的风景。放手不代表失去，放手是为了更好地拥有。

不要拿别人的错误惩罚自己

　　三十几岁的女人大都记得翁美玲，80 年代末《射雕英雄传》正在热播，她也大红大紫。她是个挺有个性的女子，《射雕英雄传》中的黄蓉活泼可爱、灵气十足。然而，就是这样一个把别人演绎得乐观开朗的人，自己却非常想不开。她为情所困，在家中开煤气自杀离世。

　　用别人的背叛来毁灭自己，这种惨烈的方式看似是对对方的惩罚，其实惩罚的是自己。其实，只要想想，世间没有一个人拥有十全十美的人生，世间也没有一个人是十全十美的，所以，因别人的错误而生气，愤怒，甚至伤害自己，都是最愚蠢的行为。

　　我们认为别人的某些言行是错误的，但是，如果换位思考的话，别人或许还认为我们的言行是不恰当的。每个人都是站到自己的立场说话做事，所以，你认为是错误的，别人可能认为是正确的。而且，人们大多喜欢对别人"妄加评论"，那么这种猜测就成了一种错误的判断。

当红明星孙俪在回忆自己的童年生活时，提到父母的离婚，她这样说："每次看到妈妈这么辛苦，我就在心里暗暗发誓：我长大了一定要有出息，让妈妈过上好日子！同时对爸爸的怨恨也更增添了几分——他一定忘记了我和妈妈吧？他一定在和他的新妻子过着幸福的生活吧？

那时候我经常在心里幻想一个画面：我有钱了，开着跑车行驶在上海的街头，红灯亮了，我停了下来，无意间一转脸，看见路边站着的爸爸，他也正在看着我，然后绿灯亮了，我开着车扬长而去，爸爸在后面默默地注视着我，神情伤感……这样想着，我觉得特别解恨。"

后来，她凭借《玉观音》名声大噪，然而，在得知父亲生活很拮据时，她并没有像小时候说的那样有一种解恨的快感，而是在看到头发花白的爸爸在店里忙碌时，当街就哭了起来……

"对爸爸，我真的爱恨交织，我恨他当初的无情，可是他的窘境又让我心如刀割。我每天交织在两种情绪当中，难以自拔。"

孙俪对父亲的感情是复杂的。后来，在经过一段矛盾的心态之后，她发现自己不能抑制住对爸爸的牵挂，这是一种无法割舍的血缘的亲情。她渐渐地释怀了，并从心底接纳了爸爸，开始了和他较多的来往，并给同父异母的妹妹推荐舞蹈老师，替她交学费，而且还给爸爸买了大房子。

做了这些之后，孙俪的心仿佛安宁了许多，"有一次我回上海，去爸爸的新房子那边看他。到了楼下，我仰起头寻觅爸爸家的那扇窗子，看见窗户里透出的温暖的灯光，感受到了一种巨大的幸福。我终于明白了一件事情：恨一个人，你永远得不到幸福；而爱，可以让你的内心获得真正的宁静。"

"我的颈椎因为以前跳舞受过伤的缘故，一直不好。爸爸给我找了好多中医，买了中药，又怕我偷懒不熬药，又怕我怕味道苦不肯喝，他就向别人学了一种方法，把药全部熬好，然后冷却后装在真空的袋子里，放进冰箱，可以保存一个月，要喝的时候取出来直接喝就行。每次我从上海回北京，总要提着一只大冰桶，冰桶上面贴着爸爸写的四个大字：按时服药。

"我在北京的家里，喝着爸爸亲手为我熬的中药，看着身边为我削水果的妈妈，突然感觉我一直是个多幸福的孩子啊。我庆幸自己的宽容让童年时曾经破碎的那个世界，在我成年之后，重归完整。"

对于年幼的孙俪来说，她的爸爸给她造成了巨大的心理阴影，但是，孙俪并没有一直揪着爸爸的过错不放，而是选择了放下和原谅以及"以德报怨"。能做到这种境界真的不易。想一想，世间有多少人因一句话、一件事反目成仇，心中常常装着对那个人的不满和怨恨，甚至一辈子老死不相往来。可是，这样有什么用呢？除了"眼不见心不烦"之外，只会影响自己的心境——记恨别人只能让自己不快乐。

俗话说"杀人不过头点地"，一个人犯了错，并非不可饶恕，只要肯改过，就不能一棒子打死。以前看到一本书中描述一个杀人犯与被害者母亲的故事，让我觉得人性的最伟大之处就在于宽容和原谅。在刑场上，杀人犯被判绞刑，然而，被害者的母亲不是踢开绞刑架下的椅子，而是突然决定原谅杀人犯，并亲手解开了套在他脖子上的绳索。

世界是一面镜子，你怨恨，看到的就是一张苦瓜脸；你感恩，看到的就是温暖和爱。纠结于过往的恩怨，揪住一个人的错误不放等于减少自己的快乐，这是得不偿失的一件事。

原谅他人，也是放过了自己。女人到了30多岁，一定要学会宽容他人，年轻时可以与人怄气、赌气、较劲，但到了30多岁还不明白，只能令今后的人生越来越不快乐。

没人关心，有什么关系

黄磊说："我能想到最浪漫的事，就是为孙莉当一辈子的黄小厨。"黄磊与孙莉年轻时一见钟情，自此一直相濡以沫，真心相守。最幸福的女人莫过于此，女人最想要的婚姻也莫过于此。然而，现实中有多少男人肯如此虔诚地把自己的女人捧在手心，用一生去呵护她，关爱她？

女人最怕孤单和冷落，总是希望有人陪、说说话、吃吃饭、散散步，一个眼神、一句话就可以让女人知足。没有一个女人不渴望得到别人的关心，但是现实往往事与愿违。如果能碰到一个懂得关心自己的男子是女人的福气。现实中，有些女人一结婚就被老公冷落一旁，再也得不到一句温暖的话，再辛苦也不懂得表示慰问和关心，所以，时间久了，再美丽的女人也会变得失去光华。

女人的心最需要爱的滋养。张爱玲说："每一个女子的灵魂中都同时存在红玫瑰和白玫瑰，但只有懂得爱的男子，才会令他爱的女子越来越美，即使是星光一样寒冷的白色花朵，也同时可以娇媚地盛放风情。"

某知名演员说，他追女朋友追了一年，问他怎么追上的，他说："别人灌她酒，我虽然自己也喝多了，但我还帮她挡着，别人欺负她的时候，我会在她身边保护她。她寂寞了我会陪着她。"外界有多少诱惑？却为何唯独非你莫属？那是因为你给了她爱，给了她最值得付出一生的关爱。女人爱一个男人，是因为男人可以给她需要的呵护和温暖，而离开男人，不是因为他没钱，而是觉得男人没有给她足够的安全感。再坚强的女人都有一颗脆弱的心，希望男人去呵护，去关心自己，而不是让一个柔柔弱弱的女人变成一个独立去扛的女强人，再强势的女人遇到关心自己的男人也会变得柔情似水。如果有一个温暖的臂膀可以依靠，没有任何女人愿意变成"女汉子"。

很多男人都说女人现实，宁可在宝马里哭，也不在自行车上笑，其实，很多女人并不是见钱眼开的人，更多的是愿意为爱的男人吃糠咽菜，但往往事与愿违，有些男人不仅让女人坐在一个烂自行车上，还天天让她哭。

　　阿紫生了孩子之后，脾气似乎大了许多，其实有谁知道这是"产后抑郁症"呢？家人，包括丈夫都不理解，他们不断地指责她，与她较劲，说她怎么可以总是发火，怎么可以天天生气。其实，他们哪里懂得她是病了。

　　怎么能不病呢？如果幸运的话，遇到一个关心自己的丈夫，她还可以轻松快乐地过日子，可是阿紫遇到了一个外冷内热型的丈夫，他不爱说话，总是给人一副拒人于千里之外的冰冷面孔。阿紫不仅要自己带孩子，还要因家人对自己的不理解而生气，更要承受身体上的不适甚至病痛（刚生完孩子的女人大多身体虚弱），这个时候的她犹如一只受伤的小兔子，而她的丈夫根本没有给过她一丝温暖，相反，对她冷若冰霜。

　　泰戈尔说，世界上最遥远的距离不是生与死，而是用自己冷漠的心对爱你的人掘了一条无法跨越的沟渠。

　　有一个懂得体贴的男人时刻关心着自己，与一个知冷知热的男人相拥一生，是所有女人的梦想，但是，如果不幸的话，你遇不到这样的男人，怎么办？离开有时并不是最好的选择，特别是 30 多岁的女人，在这个年纪大部分都已结婚生子，在这个时候因没人关心而离婚是一件不负责任的事，也是在别人看来小题大做的事。毕竟，大多数人都把是否有人关心看得很轻，他们觉得两个人过日子差不多就行了，哪有那么多关心呵护，又不是小姑娘了！

是啊，自己不是不懂世事的小姑娘，已经是老大不小的女人了，应该学会自己关心自己了，怎么还那么幼稚地奢望别人的关心呢？若期盼别人的关心，得不到还会失望，若不期望，就不会失望。

其实，自己关心自己，就够了。冷了就告诉自己多穿点儿，热了就告诉自己吹吹风，病了就告诉自己及时吃药，困了就告诉自己别熬夜，饿了就告诉自己别忍着，平时就告诉自己注意养生，做好保养，别让身体透支……我们能照顾好自己，也是件了不起的事。所以没人关心的时候，就一笑了之：没人关心，有什么关系！

原谅自己，刹那花开

　　有个年轻的母亲，一个人在家看孩子。一次下楼买菜的时候，自己的孩子从 3 楼摔下来，孩子没死，却跛了一条腿。她很自责，一夜之间白了头。家人没有责备她一句，倒是她自己一直内疚悔恨，每天看到孩子一瘸一拐地走路，她觉得自己要疯了。

　　从此，她像个祥林嫂一样逢人就讲述她那悲惨的遭遇，她说："如果我不把孩子单独放在家，我抱着孩子去买菜，就不会发生这样的事了；如果我不去买菜，也不会发生了。唉，我为什么没这么办呢？我真傻，真是没脸面对孩子啊！"开始时，别人还非常同情地劝慰她，劝她想开些，希望她走出悲痛，别自我折磨。时间长了，别人也烦了，觉得她一点儿承受能力都没有，既然孩子出了事，就要勇敢面对，一味抱怨诉苦有什么用呢。

205

可她终究不能原谅自己，每天噩梦连连，失眠、狂躁，身体也垮了，几年后，她终于在悔恨中结束了自己的生命，跳楼自杀了。

所有不堪的过往都是一个原罪，大多数人无法原谅自己犯的错，有的人沉陷其中，无法自拔，用自己的每一寸时间来赎罪，到头来于事无补，反倒折腾得自己无法安心。

事情已经发生，与其自责后悔，不如勇敢面对，接受事实，总结教训，将自己从内疚中拯救出来。徐小平说："原谅自己的能力，是一种罕见的美德。"原谅他人是胸怀，原谅自己是智慧。过去的无法回头，只能尽力弥补，但首先要放下心中的包袱，轻松面对自己的灵魂。一个不能饶恕自己的人，还谈什么解放自己的心灵？那么，这样的人生也必将是痛苦无望的。

自己看自己，觉得高大，而别人在高处看自己，自己就变得很小。其实，任何事都可以缩小或放大，关键看你站在什么样的高度。有的女人把自己放到整个星球中去看，那么，她就会觉得自己没什么大不了；有的女人把自己放到放大镜中去看，那么，她就会觉得自己失败得一塌糊涂。聪明的女人懂得缩小自己的错，这不是故意遮掩，而是如此才能让心如释重负。与其日日背着那些不堪注目的过往，不如就地放下，轻轻地对自己说："没什么大不了。"

小娟在父亲去世后的几年间，一直不能原谅自己，内疚如阴云挥之不去，噩梦似鬼魂缠绕心间。她没能见到父亲最后一眼，只因路途遥远，赶赴到父亲的病床前，父亲已无力回天。她觉得自己是个不孝的孩子，身边的亲戚都觉得她不懂事，对她不理不睬，母亲对她也一度态度冷淡，这令她更加惶恐不安，郁闷痛苦，甚至想以死来结束自己愧疚的灵魂。

后来，她还是慢慢走出了内疚的情绪，因为她终于懂得无论孩子做错了什么，父母都不会怪自己的孩子，父母对孩子只有无边的爱，没有一个父母希望自己的孩子生活在内疚自责之中。所以，小娟想，如果父亲知道她因为自责而如此痛苦地生活，一定会很心痛。

原谅自己，是与生活讲和的艺术，纵然你把天捅了个大窟窿，也没有到不可原谅该死的地步。作为女人要知道，哪怕别人不原谅自己，也要学会自己原谅自己。这是现代女性的一门必修课，也是更理性地处理平凡生活中的不幸的一种态度，俗话说："吃一堑长一智"，不管以前犯下了多么大的错误，都不要耿耿于怀，对于不幸要懂得化悲痛为力量，继续前行。如果被生活中的绊脚石绊倒，从而一蹶不振，那样的人生才是最不可原谅的。

释迦牟尼说："以恨对恨，恨永远存在；以爱对恨，恨自然消失。"爱自己也是一种修为。宽恕自己，善待自己，方能让心开出更圣洁的花来。记得一位哲人说过："同一件事，想得开是天堂，想不开是地狱。"既然如此，那么又何苦为难自己呢？

一定要对自己好点儿

"80后"的我们大概是这个世上最累的人了，上有老，下有小。我们把青春献给了加班，把假期献给了孩子，把工资献给了房贷，那我们拿什么献给自己？

女人的身上有着天然的母性，这就极有可能让母爱泛滥成灾，以包容博爱、牺牲自我、委曲求全来对待身边的人，尤其是自己的家庭成员，而结果就是直接导致失去自我。

一位女子单恋着一位男子很多年，男子还没有接受她。她请教一位情感专家："获得爱的最好方法是什么呢？""你说呢？"情感专家反问。"去爱对方，去努力地爱对方。"女子说。"爱对方，就能保证对方爱你吗？""但爱能感动人。"女子说，"我相信，在爱的感动下，对方终会生爱。"

"爱不是知恩图报，爱不是怜悯和施舍，爱，是要值得爱。"情感专家说，"获得爱的最好方法，不是如何去爱对方，而是好好地爱自己，一个爱自己的人才能值得对方爱，让自己拥有让对方爱的价值。"

一个连自己都不爱的人，怎么要求别人来爱她。女人要懂得，这个世界只有一个自己，而且是限量版的唯一。失去自己，环绕在身边的一切将不复存在：失去了"我"，何来"我的"？那些"我的漂亮衣服""我的豪宅""我的家庭""我的孩子""我的理想"都将成为虚空，毫无意义。

三十几岁的女人既要为工作忙碌，又要为家庭生活操劳。作为女儿，女人要关爱，赡养老人；作为母亲，女人要抚养教育孩子；作为妻子，女人要照顾丈夫，维护婚姻……在这种种角色的交叉转换中，岁月一天天流逝，同时女人也在操劳中忘记了还有一个"我"。忘记了"我"是否一切安好，是否需要关心和爱护。

从很小的时候，我们见了很多"伟大"的女人，她们总是把自己搁置一边，牺牲自己成全别人，舍不得吃穿，只为了家人能吃好穿暖，而全然忘了自己。这种无私的奉献精神历来被歌颂，被赞扬。但是谁规定了只有牺牲自己才叫伟大，聪明的女人不做伟大的女人，她更懂得女人不能傻傻地付出，而是也该对自己好一点儿。

有的女人生了孩子就把自己放到了脑后，一切以孩子为重，把自己变成一个陀螺，整天围着孩子转。晚上要搂着孩子睡觉，要给孩子换尿布，喂奶，天天如此，一年 365 天，8760 个小时，每一分每一秒，都不能安安心心地睡一个安稳觉。白天，有的女人还要工作。有的全职妈妈更是日复一日地重复着相同的生活：带孩子、做饭、洗衣、擦地、喂奶、换尿布……每天累得连气都喘不过来，这些琐碎的事对于一个三十几岁的女人来说是无聊的，也是无法忍受的。可是，女人要承受这些，还要面对家庭的争吵、婆媳的间隙、夫妻的离心、孩子的闹心，更别说还要为工作而忙碌。

此时的女人如果没人关心，没人疼，还要承受操劳家务的疲惫和种种的心理压力，她该怎么活？

不要对别人要求太多，也不要奢望别人对自己好，这个世界自己是对自己最好的人。

三十几岁的女人们，请一定要明白，这个世界上只有一个你，唯一的你。好好待自己是最大的投资，也是最值得的投资。要知道，我们除了工作，还有诗和远方；除了丈夫和孩子，还有自己。

三十几岁的女人要学会享受新生命的到来，看着孩子慢慢长大是一种幸福，而不要抱怨孩子给自己造成了诸多的牵绊；要学会无论家务事有没有人帮忙，都能当成锻炼身体的机会，哼着歌愉快地去做；要学会在给孩子囤各种用品囤到想剁手时，也给自己买买单；要学会在关注孩子的身体状况到极度敏感时，也顾及一下自己的健康；要学会注意饮食调理，不要透支体力，抽空做做哪怕最简单的小运动；要学会在屋子被孩子搞得乱七八糟时，允许自己适当地懒散，屋子不打扫，地球一样转；要学会即使很忙，也要忙里偷闲，补个觉，喝个茶，看会书；要学会想去旅行就出发，想去看场电影就去看。

别舍不得钱，舍不得时间，钱花完了还可以再挣，时间不充裕还可以去挤，但自己的好心情没有了却是很难弥补了，自己的好身体失去了更是很难再找回了。

学会给自己一点温暖，一点爱，培养自己的一些爱好，把精力转移到这些上面去，不再总是局限于爱情或婚姻的小圈子；学着爱惜自己的身体，不再熬夜；保持心情舒畅，不再为那些小事伤感；把精力放在工作上，策划自己的职业生涯，给自己定个目标，不要在别人的世界里迷失自己；常去书店，多看书，多交朋友。

对自己好点儿，是应该的，也是必需的。别误以为这是自私，对自己好的同时，我们依然可以对别人好。作为女人，时时处处爱护着自己的丈夫、孩子和家庭是无可厚非的，但是要想好好爱他们的前提是一定要好好爱自己，在为他们付出的同时也要为自己付出。永远都不要忘记，你还有自己的事业、朋友，重要的是你还有你自己。

世界这么大，你该去看看

　　这个世界很大、很美、很神奇，可是你去看过吗？从小我们只是在书本中"旅游"，好奇地参观这个偌大的世界，长大后，虽然有了条件到处走走，却始终没有时间、没有机会，到后来干脆没了心情。

　　人生究竟有多少时间可以完全留给自己，可以完全放开一切，无拘无束，无牵无挂地行走在路上？又有多少时间可以像有些人那样抛开尘世，游山玩水？又有多少时间可以只带一个背包就穿梭于山川河流之间或者与心爱之人隐居于荒山野岭之上，种地、养鸡，不再过问世事？

　　我们都是凡人，身边有无数凡事缠身，走不开，也不能走，这是责任，也是无奈。特别是30多岁的女人，年轻时还可以背起一个背包、锁上门随时来一场说走就走的旅行，现在可没办法这么潇洒。首先，大多数女人都有工作，辞职不干或者请假都是不太现实的，何况，请假时单看老板那张臭脸就已经没了去旅行的心情。

其次，30 多岁的女人大多已结婚生子，拉家带口地外出旅行实在不是件轻松的事。

好朋友慧敏在生了孩子后两年的时间内，几乎没出过家门，不是不想出去，而是想想要带孩子一起去就却步了。有一次，她实在憋不住，告诉老公一定要出去转转、走走。老公看着他们那满屋子乱转的小屁孩，还是答应了。

她对我说："出发前，大包小包地整理个没完，纸尿裤、水杯、奶粉、湿巾、外套、零食，单是小孩的东西就弄了几个包，临走还要推上一个婴儿车。走到目的地，既要照顾好孩子，又要照看好东西，哪还有机会去看一眼风景！整个过程是紧紧张张、匆匆忙忙，没有一点儿游玩的从容。说是去旅游，其实是花钱买罪受，此时，真怀念二人世界时的清爽啊。"

有的女人总是羡慕年轻人，没有家庭的牵绊，想去哪儿就去哪儿。她们早已没了去看世界的精力和兴致，总觉得生活哪里都是一样的，风景哪里都差不多，无非是山山水水，花草树木。可是，她们心里终究难以停止一种"去看看"的念头，那种蠢蠢欲动就像蝴蝶的翅膀时常扇动着不再年轻的心。

其实，去别处走走，是给波澜不惊的生活增添乐趣的过程，是让心灵得以修养调整的过程，也是让一起旅行的人与自己更好地沟通的过程，更是让大自然重新赋予自己生活的力量的过程。

所以，不管有没有时间，都要尽力地去别处走走、看看。当你看到那古老的建筑、遗址、被古人用过的器物，就会有一种穿越时空的错觉，就会懂得一辈子很短，转眼自己也会成为"历史"；当你看到那美丽的花圃、波光粼粼的河水、一望无际的大海、巍峨高耸的山川，就会懂得生活并不吝啬，它馈赠于我们的已经很多，而我们却还在不停地奢望……

有一对英国夫妇，自制小船出海探险，16年才回故土，经过56个国家，大大丰富了自己的人生；澳大利亚一个叫萨瓦德的女孩，一年的时间里，足迹踏遍6个大洲近50个国家，一边旅游，一边写博客，拥有了32万粉丝，同时也给她带来了巨大的收入。全世界多个景点、酒店都向她抛出橄榄枝，不仅为她提供免费的食宿，还有可供旅游的项目，更可以获得一定的报酬。

如果说这样的旅游方式对我们大多数女人来说是不现实的，那么，我的一个朋友的方式可以让我们借鉴。

我的朋友小敏是个有点内向的女孩子，结婚后发现与丈夫性格不合，内心十分苦闷，于是偶尔出去旅游换个心情，到后来干脆上了瘾，索性在 30 岁时给自己定下每年去一个地方旅游的计划，不管再忙，都一定去。她总说："时间真的是挤出来的，再多的时间也有忙不完的事，我们不能让时间等我们。"五年间，她去了很多地方：新疆沙漠、蒙古草原、中国台湾、印度、中国香港，甚至打算去非洲原始森林体验一把。

我发现她自从旅游开始，人就变得开朗了，笑容也多了，所以，她活得很充实。而且奇妙的是，在旅游的过程中，她认识了很多国家的朋友，在跟他们聊天的过程中她得到了很多人生的启迪，她把这些写下来，发表在报纸、杂志等媒体上并赚取了不菲的收益。在她 35 岁生日那天，我终于见到那个乐观、积极、爱生活也爱丈夫的小敏。

人们去旅行便是寻找自我的过程，在陌生的风景中给自己一个全新的自我。旅行，虽然拯救不了平庸的生活，但至少可以给生活加一点儿调料，添一份色彩，让越发暗淡的日子显出光华来，让越发平淡无奇的心激起点点涟漪来。如此，就够了。

CHAPTER

8

最美妙
的人生

人生不过是一场游戏
把日子过成自己想要的样子
你不必等别人来成全自己
时间会将正确的人带到你身边
失去的终将加倍补偿你
我不只要柴米油盐，还要旖旎风光
谢谢你，不再来的三十几岁

人生不过是一场游戏

于偶尔的失意时，你会不会曾有过这样的假设：

假设我高考那年没有感冒，或许我会考上北京大学；

假设我上的不是这个烂大学，或许我的工作比现在的好；

假设我有个好工作，或许我的整个人生轨迹与现在完全不同；

假设我嫁的人不是他，或许我过得比现在好；

假设我没有碰见他，或许我会跟某某某结婚；

假设我没有去某地，或许我现在不是做当下这份工作；

假设我那一年没有接下部门经理的职务，或许孩子都好几岁了；

假设……

但是，人生来不得假设。如果可以假设，我们谁都可以让生活重新洗牌，按照自己的意愿再次来过。

　　只是，生活没有假设，也从来不会假设。尽管人生不易，但有时候它就像一场游戏，充满了各种未知，你要按照规则进行游戏，才能有赢的可能，否则，很有可能被踢出局。

　　美国 20 世纪最伟大的精神导师之一佛罗伦斯·西恩在《失落的幸福经典》中这样写道："人生不是一场战斗，而是一场游戏。当一个人明白了这人生游戏的规则，整个生命的运作就变得易如反掌。"

　　所以，不要随意假设人生，人生没有从头再来的机会，只有过好当下，做好当前的游戏，以一颗真诚的心遵循人生的游戏规则，过好每一天，才能笑着走到游戏的最后。

　　其实，不要把人生看得太过沉重，要以一种游戏般轻松的心态去生活，不要活得压抑，活得憋屈，而要活得自在，活得怡然。可是，现实如此残酷，又有几人可以做到呢？你我皆凡人，如何在这无法超越的生活中活出一种轻松自在的气度，的确需要不小的智慧和勇气。

　　三十几岁的女人，已经走过迷茫的青春，走进成熟的而立之年，这时，思想不再像年轻时那样懵懂无知、幼稚天真，而是充满了历经人情冷暖世态炎凉之后的智慧和成熟，这智慧和成熟中包括宽容、淡泊、冷静、稳重、大气、老练等。怀有这样的成熟心智，三十几岁的女人往往能在人生这场游戏中游刃有余，不再被伤得体无完肤，不再被打击得一蹶不振，也不再被各种委屈、不平、愤怒扰乱平静的心，三十几岁的女人学会了用智慧去解决所有的烦恼，不再傻傻地生气掉眼泪。

《洛洛历险记》中有一句这样的话："其实，人生就是一场游戏，游戏就是一场人生。只不过这场游戏你想玩也得玩，不想玩也得玩。"

从另外一个角度看宇宙，人类的世界就是上帝一手打造的一个真实的游戏，而我们就是这游戏中一个小小的角色罢了，每个人都在尽力扮好自己的角色，做好游戏。在这场游戏中，我们有时要与人合作，有时要与人厮杀，有时要与人相爱，有时要与人分离，这些都是为了最终顺利到达游戏的终点。

可是，谁会在乎过游戏的过程？正如，又有谁在乎过人生的过程？大多数人在乎的都是结果——努力想要一个完美的人生，完美的结果，可有的往往事与愿违，拼尽全力得到的却是心碎的结局。

正如三十几岁的女人，在游戏的过程中总是有这样那样的不如意，抱怨人生的不公平，生活的忙碌、辛苦、劳累、烦恼、压力、绝望、痛苦，这些因素犹如游戏中的层层"关卡"，也如那些烦人的障碍物或敌人。那么，面对这样的游戏，我们不能退缩，只能勇敢面对。在人生这场游戏中，我们要做的就是提升自己的"战斗力"，争取到更多的"装备"，使自己有足够的能力去战胜"敌人"，这样，我们才有最终赢的可能。

人生不能没有游戏，否则生活就会单调乏味。人生不能总是游戏，否则社会就充满怪诞。能走出游戏的状态才是好玩家，不管是输赢，在你走下人生舞台后，社会都把你的一切贮入历史的光盘，真正可悲的是在曲终人散之后仍不肯摘下面具的人。

把日子过成自己想要的样子

你想要什么样的生活，想把日子过成什么样子。我们大多数人都无法选择自己的生活，那是因为现实有很多无奈，我们都想按自己的意愿生活，但现实总是让人不得不放下幻想。

我很想按照自己的心意生活，一份工作不如意就换掉，一份感情不如意就扔掉，可是，实际上我又做不到如此洒脱，或许什么事情都需要忍耐，需要一个痛苦的煎熬方能得到圣果，只是很多时候我渴望轻松和愉快的生活，却不可得。我想把日子过成立体的，丰富的，充实的，而不是单薄的，乏味的，死板的，可总是受到种种的羁绊。

有个年满30岁的发小至今未婚，我们都劝她赶紧把自己嫁了，还开玩笑说30岁的女人是败犬。于是，她开始接受相亲，在来来

224

去去的相亲对象中，她又开始产生了莫名的困惑。这些相亲对象，来自不同的家庭，有着不同的工作、不同的生活背景，却同样用了筛选条件的方式来相遇爱情。这是爱情吗？爱情并不是刻意安排的相遇，也不会是刻意经营的结局。

有一次，她实在觉得这种被相亲的日子很可笑，就问相亲对象："为什么你要来相亲？"

他说："因为我该结婚了。""为什么？"发小傻乎乎地问。他扑哧一笑，"因为我年纪到了呀！"从此她发誓再也不要被相亲。

第二天，她就跟公司请了几天假，买了张机票，去早就想去的国家旅行。在旅途中，她遇到了一个 35 岁的外国旅行者。这个人说他还没有结婚，发小也傻乎乎地问人家："为什么你 35 岁了还没结婚并且到处旅行？"这个人扑哧一笑："因为这是我的人生啊！我有权利选择我要的人生，并且承担我的选择。"

刹那间她明白了。结没结婚根本不是重点，重要的是，自己想要什么样的 30 岁，自己的 30 岁并不需要跟别人一样才是关键，而且 30 岁并不是需要拥有美好婚姻才算完整。自己的人生还有更多选项，生命还有很多出路，世界还有许多探索，并不需要那些无谓的框架来捆绑自己任何一个想要飞翔的梦想。

古希腊哲学家伊壁鸠鲁曾说过："你要是按照自然来造就你

的生活，你就决不会贫穷；要是按照人们的观念来造就你的生活，你就决不会富有。"成功者总是自主性极强的人，他们总是自己担负起生命的责任，而绝不会让别人驾驭自己。他们懂得必须坚持原则，同时也要有灵活运转的策略。

按照自己的方式活着，就要不在意他人的言论，不在意他人的嫉妒，不在意他人的打击，不在意他人的目光。

人生是你的，日子是你的，你可以按照自己的心意去生活，把日子过成自己想要的样子。

你想要有情趣的日子，就去制造情趣。你可以独自一人，在有落地窗的咖啡馆坐下，带一台电脑，打开音乐，戴上耳机，写写自己的一些感想；你可以在雨天去淋一场雨，在下雪的时候去雪地踩一串脚印；你可以在无人的狂野大声地歌唱；你可以和爱人再次来一趟蜜月旅行；你可以把自己打扮成想要的样子，并拍照留念……

你想要丰富的日子，就去制造丰富。你可以去开一片荒地种点花，种点菜；你可以去河里钓鱼，去海边看海；你可以去画画，去跳舞；你可以去爬山，去野炊……

你想要有快乐的日子，就去制造快乐，让自己脱离出忧郁的心境，你可以做自己喜欢的事，穿自己喜欢的衣，吃自己喜欢的饭；

你可以一个人去田野、山间放飞自己的心灵；你可以牵着爱人、孩子的手去漫步；你可以去体验一场繁重的劳动，也可以去泡一个热水澡……

生活有多种选择，日子有多种过法。三十几岁的女人就要按自己的意愿去生活，一个人有一个人的活法，他人的活法不一定适合你，你不必羡慕别人，做自己就是最好的。你认为对的，就去坚持；你认为值得的，就去守候；你认为好的，就去追寻……

你不必等别人来成全自己

世间的一切物质的拥有，幸福的所得，从来都要靠自己努力来获取，千万不要依靠他人，幻想有什么一步登天的捷径，幸福没有捷径，只有用自己的一双手去经营。

我们是独立的个体，不依附于父母或任何人，我们只属于自己。所以，千万不要把命运的牌交到别人手里，哪怕自己拿到的那副牌烂透了，也要试着打出自己的色彩。人生需要自己对自己负责，抱着与命运死磕的态度活着，或许这才是最好的成全。

在这方面，伊能静给了我们最好的诠释。伊能静 18 岁出道，做过歌手、演员、作家、编剧、导演，是大家公认的才女。她出版了 13 部热销书，1 本画册和 8 本写真集。其中文学类著作《生死遗言》，连续 22 周位居台湾畅销书排行榜第一名。

但是，我们不会想到，就是这样一个星光璀璨的女人，却有着非同寻常的心路历程。她的不幸的童年和失败的婚姻让她一度迷失自己，在苦海中挣扎找不到岸。但是最后，她终于脱离苦海，重新找到新的感情，并开始幸福的生活。她究竟经历过什么？又是如何走出那段迷惘的岁月的呢？

伊能静在 40 岁的时候结束了自己 22 年的婚姻，刚离婚的时候，不良的舆论和内心的纠结让她一度失眠，她觉得自己不是个好妈妈，继而怀疑自己存在的价值。她更想起小时候的悲惨生活。小时候，她的爸爸因为妈妈连续生了 7 个女儿，与妈妈离婚了。而她的妈妈总是告诉她："如果没有你，妈妈可能就会过得好一点。"这让她从小就有一种罪恶感，觉得自己是多余的。在离婚的那段时间，她觉得自己做错了很多，搞砸了人生，不应该活在这个世界上。然而就在她痛不欲生准备吞下安眠药的时候，一个声音告诉她要去寻找"自己是谁"的答案。

她去了印度，在那里老师帮她解开了小时候的心结，让她敢于面对母亲当年不想生下她的事实，并且让她亲自给母亲打电话询问事情的缘由，当母亲告诉她："是母亲自己没能生出儿子，所以一切都是母亲的错"时，她终于明白其实一切不是谁对谁错，而是是否敢于面对这些错。最后，老师告诉她："要成为善良智慧勇气的本身，而不是为这个去做什么"。渐渐地，她意识到，在人的内心无法从外界获得安宁的时候，一定要学会从内里去寻找答案，寻找生命的意义。后来，她慢慢走出那段纠结的岁月，并重新找到了爱情的归属。

伊能静说："这一辈子无论你曾经是一个女儿，生在什么样的家庭，你曾经是一个妻子，不管你如何的顺从，你依然失败，或者你是一个母亲，你自私地想，希望在孩子跟自我之间能够得到一个平衡，我希望全天下的母亲都不要忘记，我们应该要团结起来。就像我孩子说的，你们除了是这些身份之外，你们还是你自己。"

人生，我们唯一可以拥有的是我们自己，唯一可以依靠的也是我们自己，永远不要奢望从外界来寻找属于自己的一切。张德芬老师说："外面没有别人，只有自己。"永远不要等别人来成全自己。

世间所有的希望和力量都是自己给的，你是撑起你整个人生的唯一的支柱，除此之外，再无他人。所以，学着自己成全自己，永远不要奢望他人来推自己一把。从自我的内心去寻找生命的力量，让生命最原始的信念照亮每一寸灰暗的角落，学会给自己加油。

三毛曾经这样说过："当我们面对一个害怕的人，一桩恐惧的事，一份使人不安的心境时，唯一克服这些感觉的态度，便是去面对它，勇敢地去面对，而不是逃避，更不能将自己干脆关起来。痛苦是因为你将自己弄得无路，你的心魔在告诉你不要去接触外面的世界，他们是可怕的，将自己关起来，便更安全了，这是最方便的一条路——逃。结果，你逃进了四面墙里去，你安全了吗？你的心在你的身体里，你又如何逃开你的心？不要为怕而怕，不要再落入隔世的深渊，不要再幻想外面的世界可怖。"

其实，"我"才是一切的起因和根本。一颗种子，依靠外界的环境去发芽、生长是脆弱的，但若从内部去突破，却可以长得很茁壮。一个鸡蛋，从外部打破是毁灭，从内部突破是新生。三十几岁的女人活着很累，会遇到很多的风雨，在面对一些生活的不如意时，一定要学会从内部去突破，去寻找重生的力量，而不是消极地放弃或逃避。

时间会将正确的人带到你身边

这年头，"租个男友回家过年"，似乎成了"剩女"们的一种时尚。春节时，一些社交网站纷纷打出"租男友"的广告，甚为火爆。网站上被出租的男人明码标价，还贴出个人照片、个人信息、性格特点等内容十分详细。有的还称自己"装备齐全"：有车、笔记本、劳力士、iphone、名牌服装等"道具"，有的称自己演技为实力派：可以演公务员、暴发户、老板、白领、文艺青年……这让很多的"剩女"们眼前一亮，似乎找到了被催婚、被相亲的"必杀技"。虽然租男友价格不菲，有的甚至一天1000元，但还是有人愿意尝试。

小菲做"单身贵族"有5年了，今年已经32岁，眼看着身边的女孩成家生子，她的父母非常着急，生怕她一辈子嫁不出去，于是天天打电话催，过年更是安排数场相亲，令小菲不胜其烦。她并非不想结婚，而是 20 多岁时错过了一个被她认为最好的男人，从此便"除却巫山不是云"。她虽然条件不上不下，但对爱情的执着使她不想将就，她希望找到一种两情相悦的真正的爱情。只是随着年龄的增大，她的爱情还没有来到，希望变得越来越渺茫。

偶然她看到网上有出租男友的信息，便瞅了一眼。想到父母的期盼、亲戚的追问，她只好采取敷衍父母的方式试一把。虽然知道都是假的，但也是迫于无奈。她不想这个春节又让父母哀叹。于是，春节时，她把"男友"带回了家。"男友"装得很像，但那种真正的情侣间的亲昵是装不出来的，可惜她苦心一场，最后露了馅，父母很生气。

在面对父母的逼婚时，大多数"剩女"们都是烦躁不堪的，更多的是愧疚。加上身边的亲戚朋友的不断劝说，她们更是不知所措，在他们眼里，好像不结婚是一件多么不可饶恕的罪。大多数"剩女"们往往不堪一击，只好缴械投降。有的聪明的，会用一种善意的谎言来安慰父母。殊不知，谎言终究会被戳穿，与其这样敷衍父母，敷衍自己，不如实话实说，对父母的催婚多点儿理解，对自己的坚持多点儿耐心。同时，做好沟通，告诉父母自己的想法：婚姻不是儿戏，自己不想为了结婚而结婚，如果匆匆地把自己嫁出去，结果发现嫁错了人，必然导致婚后不幸，若因此离婚，不如现在多等两年。嫁得晚，更要嫁得对，嫁得好。"剩女"未必找不到如意郎君，嫁人千万不能凑合！

徐志摩说："不要因为寂寞而错爱，不要因为错爱而寂寞毕生。"感情不是着急的事，它是两个完全陌生的人能在相同的时间碰到一起，并产生火花的小概率事件，这个世界何其大，能够正好碰见实在需要时间。如果为了赶时间，随便找个人恋爱或结婚，是一件对双方都不负责任的事。那样的话，不仅解不了寂寞的愁，还会徒增更多烦恼。

有人说："爱情是一件等值交换的事，你不会蠢到在现实中用高价去买一瓶假的香奈儿五号，同样地，没有好男人甘愿无条件地去爱一个廉价的女人。"当你浑身散发着优雅、自信、自强、正直、善良、成熟的味道，那个正确的人就开始一点一点地靠近你，他在你不知的地方注视着你，并会以恰当的时间出现。就像台湾著名广告人、作家李欣频说的，"一定有好男人，只是你的视力还没到看得见的位置。假设好男人在5楼，自己在1楼，可能只看得到地下室的男人，到山顶你就会看到其他山头，而一直停在山脚下，只会看到路边摊跟垃圾堆。"

当你站得足够高，看得足够远，方能遇到与自己平视的那个

"他"，一切的相爱不是等价交换，却也需合理般配。所谓的"门当户对"并不是简单的世俗陋习，而是需要你提高自我，以更多的机会遇到你真正喜欢的人。否则，你遇到的永远是自己不喜欢的那个"他"。

有这样一个实验：一个房间放满了不同频率的音叉，如果振动其中一个音叉，另外一个和它振动频率相同的音叉也会被引动。延伸开来：人之间也有相同的振动频率，他会吸引和他振动频率最相近的人。所以，如果你失恋了，或由于各种原因单身着，都不要焦虑，你在时光轴的这一端潜心修行，那一端就一定会有个"他"在等着你。

张爱玲说："我要你知道，在这个世界上总有一个人是等着你的，不管在什么时候，不管在什么地方，反正你知道，总有这么个人。"多等两年，时间会将正确的人带到你身边。不必害怕，不必惊慌，你会等到那个真正属于你的人。不要怕错过了爱情的风景，你要相信缘分，他会来的。

失去的终将加倍补偿你

舒淇说："我要把脱掉的都穿回去。"为何说出这样的话？大家都知道她曾是一名"艳星"，在年少无知时拍过写真集和三级片。因为这个缘故，她失掉了几次爱情，都是因为男方的家人不同意娶一个拍过三级片的女孩。为此，她曾迷茫过，痛苦过，但她坚强，无所畏惧，终于她成功转型为文艺女星，告别过去的时光，并先后两次夺得台湾金马奖最佳女主角。

她失去过，但最后也得到了。老天还是没有亏待她，给了她相对公正的回报。

勾践卧薪尝胆，失去荣辱，方重得江山；唐玄奘历经九九八十一难，失去安全，方取得真经；司马迁忍辱负重，失去尊严，方著得《史记》；李时珍历经 27 年艰辛，失去安逸，方写成《本草纲目》；玛丽·居里放下了盛名，失去了健康，方取得科学的重大发现，得到全世界的尊重……

失去的，最终都有了回报，上帝关上一扇门的时候，必定会为我们敞开一扇窗，每当我们失去，生活都将以另一种方式让我们获得。

居里夫人的一次"幸运失去"就是最好的说明。曾经天真烂漫的玛丽（居里夫人）与乡绅的大儿子相爱，然而，就在他俩计划结婚时，却遭到父母的反对，无奈之下二人分手。玛丽非常痛苦，她曾有过"向尘世告别"的念头。可玛丽是个意志异常坚定的女子，她注定不是个平凡的女人，这时，她没有被失恋的痛苦打倒，而是坚定地放下了情缘，去了巴黎求学。后来她学有所成，认识了科学家皮埃尔·居里，并与之结婚，两人既是生活上的伴侣，又是事业上的伙伴。后来，她成功地发现了钋和镭，成为一名伟大的科学家。可以说，没有那次失恋，她的人生将会是另外一个样子，历史将会是另一种写法，世界上就会少了一位伟大的科学家。

居里夫人为了科学奉献了自己的一生，甚至健康，她因长期在条件艰苦的实验室从事放射性工作而得了白血病，并且为了科学研究放弃了很多很多。

但她最后得到了加倍的补偿：居里夫人的一生有数不清的荣

誉，她一生共获得 10 项奖金，16 种奖章，107 个荣誉头衔，她是巴黎大学第一位女教授，是放射性现象的研究先驱，是获得两次诺贝尔奖的第一人及唯一的女性。爱因斯坦曾说："在像居里夫人这样一位崇高人物结束她的一生的时候，我们不要仅仅满足于回忆她的工作成果对人类已经做出的贡献。一流人物对于时代和历史进程的意义，在其道德品质方面，也许比单纯的才智成就方面还要大，即使是后者，它们取决于品格的程度，也许超过通常所认为的那样。"这种对于她的人格和品德的赞美，可以说，世界上从没有一个科学家可以享受这样高度的评价。

如果把人生的得到和失去用"+"和"-"来代替，那么，两者相加，得到的结果是零。也就是说，人的一生所得到的和所失去的往往是成正比的，得到了多少就失去了多少，失去了多少也就能得到多少，最终的结果就是每个人都要两手空空地离开这个世界。

但把得到和失去缩小到一生中的某个点，就会发现有时候得到和失去是不成正比的。比如，付出了太多的努力，却没有得到一丁点儿收获；得到了某个好运气，却没有付出任何代价。人生或许就是如此的不公平，有人不付出一点儿辛劳，却能拥有富足、轻松的生活，有人累得如同牛马，得到的却是微不足道。

但是，你想过没有，那些失去的，或许不会很快有收获，但若坚持下去，必将有双倍的补偿，世间万物都是"失之东隅，收之桑榆"，你在一个地方失去的，必将在另外一个地方补偿你。

有些东西付出了，就有另一样东西在相应地等着给你回报。老天总是公平的，不会刻意地让某些人一直得到，也不会极端地让某些人一直失去。

世界上没有白吃的苦，白受的罪，你吃的苦，受的罪都是在为未来的美好生活做铺垫，即使上天现在没有给你回报，以后也会加倍补偿你，这就是所谓的"天道酬勤"。

所以，三十几岁的女人，请不要灰心于过去，不要担忧于未来。失去的不会白白地失去，终将以一定的方式补偿给你。有的会补偿你看得见的物质和金钱——更富足的生活，有的会补偿给你看不见的心灵的收获——与生活抗争的信心和力量。不管是哪一种，都是老天对你的补偿，其实也是你应得的回报。

我不只要柴米油盐，还要旖旎风光

三毛曾说："人的生命不在于长短，在于是否痛快活过。"三毛不是个寻常女子，她的一生也自是离奇惊世。一直以来，她似乎没有在意过生命的长短，而在意的是灵魂的重量。她不甘做一个平凡的女人，守着一成不变的生活，相夫教子。她渴望自由，希望拥有更丰富、更充实的生活，愿自己若沙砾一般，可以飘飞到每一个被人遗忘的角落。

"我是一个像空气一样自由的人，妨碍我心灵自由的时候，绝不妥协。"这就是三毛，一个率性而坚定的女子，她活得真实又生动，潇洒又饱满。她追随自己的心，追随爱情，把自己交付给远方，交付给沙漠，因为她相信，那里有别样的风景在等待着她。

三毛不是一个安分守己的人，她不愿早早地将自己埋在围城里，为柴米油盐消磨了雄心。而是跑到一望无际的撒哈拉，去守护爱情，去品味独特的人生。她在那里写字、旅游，看旖旎风光，活得不亦乐乎。生活、事业、爱情，她一样不落，样样精彩，所以她是众多女人羡慕的幸福女人。

现在，有很多三十几岁的女人结了婚，生了孩子，或是出于被动，或是主动，放弃原来的工作，在家做专职家庭主妇，整天柴米油盐，日子过得单调乏味。如果再加上老公挣钱不多，自己又不能出门工作，自然心中会更加郁闷，羡慕那些有工作、有自由的女人。

如果女人有福气，嫁了个"高富帅"，不但多金，而且专情，不用操心柴米油盐，还可以出去当白领、金领、女老板，享受事业的成就感，一览生活的旖旎风光，这样的女人想必人人向往，但首先自己得有资本才能配得上这样的生活。就像那么多女明星嫁给了富豪、富二代一样，她们身上有着天生丽质的强大基因，更有明星的光环加身，所以才吸引了富豪、富二代的眼睛，也因此她们才有了富足、享受的生活。这样的话，女人自不必辛苦工作，就可享受美好生活。正所谓"岁月静好，不过是有人替她们负重前行"。

还有一种情况是，女人嫁的男人不是"富二代"，而是靠双手打拼出的一方天地，但对老婆的疼爱绝对与"高富帅"有的一拼。赚钱不管多少，永远老婆第一，让老婆孩子过上幸福生活，是他们的奋斗目标。如果女人嫁给这样一个男人，也会享受到旖旎风光。

我身边就有一个这样的朋友。她10年前嫁给一个穷小子，当初很多人都反对，但她坚持嫁给了他。后来，老公事业飞速发展，七八年间就创下了好几家连锁店，钱自然多得花不完。而老公对她却是疼爱得很，只要不影响工作，都叫她在身边应酬。出国考察，外地出差常带她同行。

她不工作，自从有了孩子就在家做全职太太，之后孩子上了学，依然在家闲着，每天在朋友圈晒照片，让我们这些既要拼命赚钱又要照顾全家的苦命少妇羡慕不已。

我们大多数人晒幸福无非是去国内哪里旅游，去哪里吃饭，而人家晒的却是纽约、巴黎、维也纳，自由女神像、埃菲尔铁塔、美泉宫，所以她的眼界并不是一般的家庭主妇，而是一个见多识广的女人，言谈举止也不是一般女人可比。

她喜欢购物，喜欢时尚饰品，她的老公永远乐呵呵地买单。所以，朋友聚会时，我这个朋友不是"LV"，就是"GUCCL"，浑身打扮得富贵高雅，让旁边的女人艳羡不已。

没有几个女人愿意安安稳稳在家做个家庭主妇，除非家里不缺钱，她才可以安心在家，不必出去工作。只是不管如何幸运，自己都要与时俱进，若不思进取，不懂得提高自己、完善自己，也会迟早落得可悲的下场，到时候不但柴米油盐得不到，旖旎风光更是无望。

但真正有事业心的女人不会仅仅满足于柴米油盐，她会希望拥有更多丰富、充实的生活。

有很多女人，即使家里不缺钱，也要出门工作，为什么？就是为了让自己不落后于男人，不落后于别的力争上游的女人，同时也是为了实现自己的价值，博得一份自尊——不至于让人说靠男人养活。比如一些女明星婚后依然工作，不放弃家庭，也不放弃事业，依然在拼搏中绽放属于自己的色彩。因为她们懂得她们要的不只是柴米油盐，还有无尽的旖旎风光。她们要自由，要荣誉，要价值，要满足，要快乐，要世间更多更美好的东西和感觉。这些都是一个家庭主妇所无法享有的。所以，女人工作、挣钱，不仅是为了养活自己和家人，更多的是一份尊严。

我们的生活不仅要有柴米油盐，还要有旖旎风光。三十几岁的女人，你值得过更好的生活。

<h2 style="color:red">谢谢你，不再来的三十几岁</h2>

"生命是一袭华美的袍子，上面爬满了虱子。"我们每个人一生下来，就被上帝穿上了一条无形的袍子，它看上去很华丽，很艳美，可是，它经不起岁月的侵蚀，当我们享受生命的时候，同时也是在为此付出代价——我们每天不停地劳碌，却只剩下被提前预支的生命，那是残缺的生命，是爬满了虱子的生命——任何东西总是那么不够完满，生命也不例外。一旦踏上了人生这条轨道，就注定了别想再停下来。我们每天为了生存为了生活，把自己的生命一点点地交付给了上帝。我不是在悲观，生命很美，可也充满了丑陋。

所以，你是否对人生感到很失望？特别是三十几岁青春不再，烦恼、压力倾泻而来的年龄段，你会不会感到生命从未有过的沉重？从未有过的压抑？

对于 30 岁以后的人来说，十年八年不过是指缝间的事，而对于年轻人而言，三年五年就可以是一生一世。其实，三十几岁不是多么一文不值，在三十几岁的时期，你收获了很多：

少了青涩，多了温润；少了单纯，多了智慧；少了迷惘，多了方法；少了失意，多了淡定；少了幼稚，多了成熟。

你要谢谢老天给了你经历三十几岁这样一个年龄段的机会，让你有运气去经历三十几岁的喜怒哀乐，品尝三十几岁的梦想和激情，品味三十几岁的幸福和感动，哪怕有泪水，有悲伤，有痛苦，有绝望，也是你没有错过的人生，是你一生中最具色彩、最辉煌、最激情澎湃的阶段，是你往后岁月中最无法磨灭的记忆。即使三十几岁的人生烂透了，糟透了，即使失败过，跌倒过，悔恨过，也比没有经历过要好得多。因为有些人，他们的人生在 30 岁之前就戛然而止了，还没来得及体验三十几岁的人生，生命就结束了，所以，相比他们，你幸运得太多了。

那么，你还有什么理由把三十几岁说得那么不堪呢？说它们不再年轻，不再有激情，说它们让我们经历苦痛挣扎，其实，我们没必要去抬高青春，菲薄自己的三十几岁，我们应该感谢我们的三十几岁，感谢所有经历的事，感谢所有出现的人。

我们要感谢陪我们一起走过三十几岁的人们，感谢那些帮助过、提携过、关心过、指点过我们的人们，是他们给我们带来了所有的正能量：美好、感动、欢笑、幸福、喜悦。我们还要感谢那些给我们带来伤害、泪水、失望、痛苦的人们，感谢那些蔑视过、打击过、侮辱过、排挤过我们的人们，是他们教会了我们要勇敢地面对一切的不如意，是他们磨炼了我们的心智，造就了今天的我们，让我们懂得人生不只充满了美好，还有丑恶，是他们让我们懂得必须强大自我，才能拥有超越他人的力量。

我们要感谢在这个阶段所经历的事，那些大大小小的事都构成了我们树叶一样稠密的生活，构成了让我们或感动或悲伤的因素，构成了我们今后人生的记忆。在这些事中，我们品味着人生的酸甜苦辣，吸取着惨痛的教训，也幸福着，快乐着。我们无法令这些事重新来过，但可以让它们充实我们的记忆，成为日后生活的参照。我们要感谢那些带给我们挫折、痛苦的事，是它们让我们知道生活并非一帆风顺，从而懂得坚强、隐忍；我们要感谢那些遭遇的失败，是它们让我们懂得打击是人生常态，必须有强大的心去激发人生斗志，才能搏击长空，实现彩虹一般的梦想。

我们要感谢这和平的世界，这温暖的阳光，这和煦的春风，这蓝蓝的天空，这广阔的大地；感谢这美艳艳的花，这青翠翠的草，这郁葱葱的树，这高大大的林；感谢这可爱的猫猫狗狗，感谢这鸡鸭鹅，感谢这马牛羊，感谢一切生灵……

只有感谢才能珍惜，珍惜才能满足，满足才能幸福。当我们感谢所有的一切，我们又怎么能够不幸福呢？其实，幸福就是心灵的满足。

总之，我们要谢谢不再来的三十几岁，一辈子只有这一次的三十几岁，走过就再也不会重新来过的三十几岁。所以，正身处三十几岁阶段的女人们，一定要好好地珍惜当下哦，珍惜永远不再来的三十几岁。